U0054588

OVERCROWDED

Designing Meaningful Products in a World Awash with Ideas

追尋意義

開啓創新的下一個階段

ROBERTO VERGANTI

獻詞

謹以此書作為生命的禮物，獻給

亞歷山德羅

瑪蒂爾德

阿格尼斯

中文版序

當今世界瞬息萬變。不久前，我剛剛寫完本書的英文版，從那時至今，世界已經發生了很大的變化。

在撰寫本書時，我一直感受到自己作為先驅者進入了一個飛速變化的世界。一般而言，揭示未來變化發展的信號是微弱的，但在研究機構的工作，則為我展現了觀察這些信號的全新視角。

一直以來，我有幸遇見了一些領導者，他們先感受到了創新領域劇烈變化的跡象：從關注解決方案到關注意義的轉變。獲取創意越來越容易了，但找到富有意義的方向卻是實實在在的挑戰。

如今，我體會到了上述跡象的影響。我與管理者、設計師和其他人進行了各種交流溝通，大家一致認為：當今世界充滿創意。在創新方面，我們不需要追求數量，而需要追求品質。

我們可以用兩個隱喻——創意悖論和創意汙染，來描述此時此刻發生的狀況。

創意悖論是指我們創造的創意越多，其產生的價值越小。這有三個原因。

首先，我們面臨的選擇越多，就越難進行選擇，即所謂的選擇悖論。事實上，篩選成本在急劇增加，特別是在面臨不同角度的各種創意時，如什麼是某一產品的最佳設計方案？或什麼是使用者最觸及情感的體驗？抑或什麼是最有意義的解決方案？在這些情況下，你不太容易用同一尺度來衡量各種不同的方案。

其次，在創造創意的過程中，參與的人越多，其所受的挫折就越多。這是因為並非所有的創意都能夠貫徹落實。儘管有些人會感到興奮，但大多數人會感到失望。並且隨著創意數量的增加，創意沒有被推廣的人，通常無法獲得被拒絕的原因。

最後，我們創造的創意越多，就越容易沉迷於漸進式創新。事實上，我們創造的創意越多，我們越容易淹沒於大量的資訊中，就越容易傾向於理解我們希望和能夠認識的東西。我們接收的資訊越多，越容易沿著同一方向前進。這就是亞莉珊卓·霍洛維茨（Alexandra Horowitz）在她的著作《換一雙眼睛散步去：跟十一位專家在日常風景中找到驚奇》（*On looking: Eleven Walks with Expert Eyes*）中所描述的精彩理論。

人工智慧的新演算法和資料分析都不能說明我們如何進行篩選，並找到新的東西。這些演算法為我們提供的資訊是基於以往的選擇方案，即我們過去的狀況，而不是未來的。這些資訊無助於促進變革，卻促進了因循守舊，使我們局限於自己的框架之內。

如果我們仍然運用精益開發過程來創造過多的創意，也就是在執行過程中，先創造創意模型，然後進行市場測試，認為「失敗是成功之母，不斷試錯，很快就會成功」，那麼沒有進行篩選就進入市場的所謂創新就會氾濫成災。我們拋出大量來自使用者的創意，沉迷於其中而無法自拔。

最終，我們「汙染」了世界。當然，這不是物質汙染，而是創意和資訊導致的符號汙染，但這種汙染與環境汙染對社會和人們的危害是一樣的。

人們在生活中需要的不是更多的數量，而是更好的品質，即更多的意義。最近，意義創新已經成為創新的重要指導原則，是人們在創意過度的世界中前行的藍圖，可以幫助我們應對更為緊迫的挑戰。

需要注意的是，本書的目的並非是要回歸創意稀缺的過去、抑制創造力和反對變革，而是宣導創新、期望更多的創意。

本書旨在幫助你創造富有意義的創意，從數量創新推進到品質創新，在創新之旅中找到具有重要意義的方向；幫助你在豐富多樣的機會中抓住重要價值，而不會迷失方向。

本書也宣導採取新的方式：支援創新過程的教育方案、數字工具及新的研究。在撰寫本書最後一章時，我深切地感受到了從紙上談兵向實際行動轉變的迫切性。這有兩個原因。

首先，一本書不可能完成創造意義的最終目標。事物的意義不斷地變化發展，不可能是靜止、終極和完善的。意義的探尋是個長期持續的過程，因為世界在不斷變化，因為生命的愉悅在於不斷探尋其本身的意義。

其次，我親身見證了世界的飛速變化。瞬息萬變的世界使我感到需要採取行動，說明人們尋找的方向。我一直都在透過工作坊，特別是透過和世界各地領導者的合作研究做這些事情。我們透過領導力和創新方面的新專案來說明組織和個人如何在創新之旅中尋找有意義的方向。

我們創建了全球性研究平台 IDeaLs，說明組織激勵成員進行創新。我們的重點是創造和支援新一代的創新和設計領導者。IDeaLs 與美國創新領導力中心（Center for Creative Leadership）及全球性企業（如雀巢、愛迪達和 Adobe 公司等）進行合作，將本書中描述的創新過程轉化成新的工具方法，並充分利用數位技術的威力。如果你想更詳細地了解情況，請透過電子郵件 editor@zhiyuanbook.com 和我進行聯繫。

我們力求透過掌握更多的東西來理解和支持人們的發展。我們的目的是，不僅從組織的角度，更要從個人、領導者和團隊的角度研究創新。我們期待能更好地回答許多人經常詢問的一個問題：我如何切實鼓勵人們進行創新。在這裡，「我」是指我們的研究中心。幾十年來，創新研究一直都在關注過程、團隊和群體，而現在則是關注創新的實際主導者（人）的時候了。

羅伯托・維甘提

2018 年 4 月

目錄

禮物隨筆

每個人都是意義的創造者。

我們透過所愛之人創造意義。

但我們也會在日常工作的謙卑和責任中創造意義。

我們每個人都透過自己的職業（管理者、設計師、學者、學生、藝術家和科學家）創造對人們的生活有意義的產品、服務和事件。

我們可以帶來快樂，減輕痛苦，創造新的機遇。

我們可能不知道，透過培育願景和推進新事物，我們每個人都會對別人的生活產生影響。

清晨，我閉著眼睛，感受著床上的溫暖和透過窗簾射進來的柔和陽光。此刻，被褥是鬆軟的，我的思維是清晰的。

鬧鐘響起，我知道有列火車會在大約一小時內到站，而我要搭乘這列火車上班，但我覺得躺在毯子裡很舒適暖和。

我為什麼要起床？

我為什麼甚至要微笑著起床去趕那列火車上班？

我轉過身，看到一本書放在窗邊的書架上。這是一本談創新的書，我因為備課讀了這本書之後，就把它忘在那了。它懶洋洋地躺在那裡已有一段時間。我默默地想，這本書會給出什麼樣的答案？它可能會請我起床去「解決問題」，就像過去十五年裡在我們桌子上放著的許多其他講創新的書籍一樣。它們為我們提供了一種隱性的視角，來解釋我們為什麼工作，為什麼會為他人提供東西，以及我們為什麼需要創新。它們默認的假設是世界上存在**問題**；人們，也就是顧客，有**需求**和問題。我們早上起床就是為了更好地幫助人們解決這些問題。

這個觀點很好，但應該有一個更有說服力的觀點，因為有更多的原因可以讓我們從溫暖的毯子裡爬出來。我們起床去「尋找意義」，世界充滿**機會**，人們是在有**目的**地活著。我們早上醒來去幫助創造對人們更重要和更有意義的東西。

這本書寫給那些認為生活不是充滿問題而是充滿機遇的人。他們相信驅動人的不是需求而是目的，人活著不是為了尋找解決方案而是為了尋找禮物。

總之，這是一本關於尋找意義的書，它教你如何透過創新來尋找意義。

對人們的意義

本書對誰有意義？

首先，對我們創新的接受者、那些珍惜我們所提供的產品和服務的人們有意義。當早上醒來的時候，他們會尋找意義。

人們一直都在尋找意義。這種探索深深植根於人類的歷史中。事實上，意義領域，特別是意義治療（logotherapy）一直都是哲學的研究主題、當代社會學和心理學的主要分支。但對意義的探索從未像今天這麼重要，因為人們生活在一個充滿各種創意和選擇的世界。在一切皆有可能的世界裡，生活中的關鍵問題不是「如何」，而是「為何」。

然而，許多創新理論似乎都忽略了這一基本的生活觀點。它們默默地描繪出了二十世紀的生活圖像——一種由需求驅動的生活。它們含蓄地建議我們將顧客視為「需要解決的行走問題袋」。我們不得不承認，即使貼上以使用者為中心或以人為中心的標籤，即使在技術上是人性化的，這些理論實際上也非常不人性化。它們把人視為「一種存在」，而忽視了使這些「存在」成為人類的「原因」——尋找意義。

我不相信它們的觀點。

我有幸擁有三個孩子。當他們降臨到這個世上時，我不想為他們製造一大堆問題和需求。我沒有告訴他們：「很抱歉你來到了這個世界，現在你有問題需要解決。」我為他們的生命祝福，想送給他們一份生命的禮物，一個生活的機會。是的，人們當然會有問題和需求，而我們的責任就是幫助他們解決問題。但我相信生活中還有更多其他的東西。

如果你想創造人們喜愛的、有意義的東西，那麼你很難僅透過解決問題就能達到目的。我們不妨思考一下愛。愛是生活中的一種感覺，會給生活帶來更多的意義，但也會帶來更多的痛苦。如果你想解決問題，就不要愛上它，解決問題和愛確實無法同時兼顧。

對你的意義

其次，這本書是為你尋找個人意義而寫的，是為了幫你認清自己為什麼要早早醒來去趕上班的火車。

解決問題需要一個單純客觀的態度，需要天真的心靈、自由的判斷以及沒有偏見和正確的個人價值觀。這些東西在解決他人的問題時相當合理。但創造意義需要更多的東西：它要求你從自己的價值觀出發，從你的信念出發，從你的世界觀出發。這就像一份禮物，一個人永遠不會愛上一個只是要來的禮物。禮物需要來自你自己，由你自己替它找出意義。如果你自己不愛，對方怎麼會愛它呢？尋求意義不僅可以幫助你解決問題，不僅可以創新；而且還可以在**你**認為對人們和這個世界更有意義的方向上創新。「意義」是你與你所創造東西的接受者之間的聯繫。

我再次回到床上，然而沒多少時間了，我還要參加一個商學院的會議。我一邊享受著最後時刻的溫暖，一邊思考著針對其他人及針對我自己進行的意義創新。我意識到自己忽略了一個與工作有關的重要面向：商業價值如何創造？

我笑了。好吧，如果某樣東西對那些接受者和創造者來說都是有意義的，它又怎麼會不能輕易地實現商業價值呢？我回想起這些年做的所有專案，回想起自己遇到的意義驅動型創業者和管理者。這些創業者和管理者創造的商業價值，比那些從商業價值本身出發的人高多了。他們是珍貴禮物的製造者。

該起床了。空氣中彌漫著一股茶香……

禮物製造者

一本書也可以視為一份禮物，與每份禮物一樣，每本書都有包裝和內容。書的包裝是書頁、文本和圖表，而內容是思考、反思和研究。

這本書的包裝來自我，而內容則來自我想要感謝的許多人的無價工作和靈感。

第一，我要感謝與我辯論的思想家阿薩．奧伯格（Åsa Öberg），沒有她的深刻洞見、思考和回饋，這本書就會是一個沒有意義的空殼。我尤其要感謝她的核心框架：由內而外創新和批評這兩大原則，另外還有很多我試圖運用到生活中的其他原則。謝謝你，阿薩。

第二，我要感謝激進圈子（radical circle），這群關係密切的朋友豐富了我的思考。首先，我要感謝米蘭理工大學的團隊——克勞迪奧．戴爾．艾拉、埃米利奧．貝利尼、娜拉．奧爾托納、托馬索．布甘紮、保羅．蘭多尼、埃米利奧．巴泰紮吉，及在我們的研究項目和與企業合作中提供具體支援的其他所有人。我還要特別感謝在早期探索中陪我辯論的思想家吉詹盧卡．斯皮納，謝謝你的默默支持，我很想念你。

再來，我要感謝為這本書的理論研究提供資助的各個機構，有了他們的資助，這個激進圈子才得以生存下來。感謝歐洲聯盟進行的一些專案（Light.Touch.Matters, Cre8Tv.eu,

Deep, EU Innovate, Prindit Wellbeing, DESMA），感謝哥本哈根商學院、梅拉達倫大學、加州理工大學（三所商學院聘請我做客座教授），當然還有米蘭理工大學。

同時也要感謝那些與我分享部分旅程的學者們：埃奇奧·曼齊尼、法蘭西斯科·佐羅、安娜·梅羅尼、卡比里奧·考泰拉、弗朗索瓦·耶古、薩拉·費拉里、唐·諾曼、加里·皮薩諾、斯蒂夫·普羅克施、羅伯·奧斯丁、戴夫·巴里、芬恩·托爾比約恩·漢森、基斯·戈芬、埃里克·滕佩爾曼、保羅·赫克特、塞利內·阿貝卡西斯－莫艾達斯、馬庫斯·揚克、佩爾·阿佩爾莫、卡麗娜·瑟德隆德、安德斯·維克斯特倫、拉米·沙尼。還要感謝所有相信我們的管理者和創新者，他們和我們一起參與了創造具有新意義的專案。由於無法一一提及，在此我只列出那些為方法研究做出貢獻的人：羅布·查特菲爾德、尼奇·莫利、維克托·阿圭勒、特洛伊·尼邁里克、馬修·霍奇森、約瑟夫·普雷斯、詹盧卡·洛帕爾科、格哈德·福斯特、安娜·弗魯布萊夫斯卡、彼得·弗爾克爾、安妮·阿森西奧、莫妮卡·門吉尼、伯納德·查理斯、瓦爾特·皮耶拉恰尼、貝內代托·維尼亞爾、亞歷山大·格諾夫、瑪律科·弗雷戈內塞、瑪律切洛·維尼奧基、卡洛·馬吉斯特雷蒂、馬西莫·梅爾卡蒂。我還要特別感謝麻省理工學院出版社的道格拉斯·塞里。

最後，我要感謝各位詮釋者。他們是其他領域的學者。他們的工作為我的思考提供了理論基礎。我透過他們的創造性工作認識了他們，在本書的參考文獻中，我對他們表示了感謝。在此，我要指出兩項研究提出的許多深刻的見解：社會學家邁克・法雷爾（Michael Farrell）對藝術領域的激進圈子分析（幫助我更好地把握雙人小組和激進圈子內批評的進展過程），以及認知學家亞莉珊卓・霍洛維茨對感知、詮釋和觀察新事物方面的研究。我希望他們能原諒我反覆引用他們的見解。

我也經常引用 IDEO 的工作，藉以挑戰我的論證。它們的設計思維框架確實是創造性解決問題原則的典型體現：從使用者出發，了解他們的需求，創造創意，培育天真的頭腦，推遲判斷，避免批評。這本書將挑戰這些原則，不是因為它們本身是錯誤的。相反地，這些原則是正確的，但只適用於特定類型的創新——用更好的方式解決現有的問題。本書將解釋，當我們想找到突破性的方向，創造人們會喜愛的、有意義的禮物時，這些原則就不適用了。對本書而言，IDEO 的思想和法雷爾、霍洛維茨的思想一樣，是不可或缺的。透過強調意義創新不是什麼、透過創造對比、透過刺激批判性思考，我們能夠理解意義創新是什麼。而且，正如我們在本書中將看到的，如果我們要進入新的領域和進行創新，批評是最基本的前提。我有時會擴展他們的一些概念，並在解決方案創新和意義創新之間製造極端化。當然，現實永遠不會是黑白分明的。我希望他們能原諒我的冒昧。我欣賞他們的工作。簡單地說，我這樣做是為了探索一種不同的創新。

在這一旅程中，當我在進行意義創新的研究和方案時，我發現，如果你不更新自己，你就不能創造出新的東西。正如保羅・呂格爾（Paul Ricoeur）所說的，一個人必須丟掉自我，最終才會找到「另一個自己」。這正是本書的主要思想來源之一。人們在我之前的書裡看過我的照片，他們現在再看到我，問我那個戴著眼鏡、穿著細條紋西裝和別著袖扣的人去哪裡了。那個「我」消失了，也許是不得已吧。當然，我本可用一種不那麼激烈的方式來告訴周圍的其他人。法蘭西斯卡、亞歷山德羅、瑪蒂爾德、阿格尼斯，你們對我一如既往地支援，我無法用文字來表達對你們的感激之情，儘管我犯了許多錯誤，但你們卻從未抱怨過。

我的孩子亞歷山德羅、瑪蒂爾德和阿格尼斯名字的第一個字母合起來是「AMA」，在義大利語中，這個詞是「愛」的意思。這並不是有意為之，而是在多年以後，我們才意識到這一點，也許冥冥之中正是其意義所在。

羅伯托・維甘提於米蘭

2016 年 6 月

第一章

意義創新：在擁擠不堪的世界中茁壯成長

Innovation of Meaning: Thriving in an Overcrowded World

「東尼，」麥特說，「我想開一家公司，而且想和你一起開。」

「那你想做什麼？」東尼邊吃午飯邊問。

「我想開一家智能家居公司。」

「你是個**傻瓜蛋！**」東尼用響亮有力的聲音說道，「沒有人想買智能家居產品，那都是為怪胎設計的。」

暫停一下。

不妨想像一下——此時，我們坐在隔壁桌，碰巧聽到了這段對話。我們手中正拿著一本創新管理方面的經典手冊。在過去的二十年間，全球出版了很多這方面的書。東尼的聲音如雷貫耳，而我們正在讀書中關鍵的一節，「如何創新——**法則一，不要批評別人的創意**。」的確，近些年來的創新理論堅持認為，我們應該推遲判斷。批評會影響創新過程。

所以，我們可以預料麥特和東尼有點沮喪，他們可能談不下去了。

不，等一下，等一下！他們還在講！我們再聽一聽。

「你知道的，」東尼說，「我現在剛好在進行一項房屋建築工程，在太浩湖（Lake Tahoe）上造房子。這是我的夢想之家。我想讓家裡充滿我喜愛的東西，我希望這些東西是使用技術最先進的節能家居產品。有很多家居品確實讓人沮喪。比如現在的恆溫器真是令人討厭。我想我們可以做得更好，創造一種**能讓人愛上**的恆溫器。我可以透過**自己的家居工程**來研究、了解當前產品是如何工作、未來的恆溫器會是什麼樣子，以及如何重新研製出截然不同的恆溫器。你為什麼就不能為我研製恆溫器呢？為什麼就不可以跟我一起開一家智能家居公司呢？」

再停一下。

我們真的很困惑。這兩個人真的要創業嗎？用這種方式創業？從他們自己的家居工程中汲取靈感？難道他們不知道不能基於自己的喜好來創造產品嗎？**你不應該從自己的喜好出發**。你應該從使用者需求出發。你應該從外部、創意社群獲得創意。書裡也是這樣寫的：「如何創新——**法則二，創新由外而內；你需要從使用者和外部出發**。」的確，近些年來使用者驅動型創新、群眾外包創新和開放式創新已經成為創新的準則。這兩個傢伙肯定是瘋了！

這兩個傢伙是東尼・法戴爾（Tony Fadell）和麥特・羅傑斯（Matt Rogers），五年後，他們真的創了一家新公司：Nest Labs。2014 年，他們以 32 億美元的價格將公司賣給了谷歌。他們的第一個產品是深受人們喜愛的恆溫器。短短的三年內，Nest Labs 公司銷售了大約 100 萬台恆溫器，每台售價 249 美元。在 2011 到 2014 年，這些恆溫器總計節省了近 20 億千瓦時的能源。從法戴爾和羅傑斯白手起家到現在，Nest Labs 公司引領著互聯家居革命。[1]

提出問題

我們困惑不解地看著餐桌上的創新管理手冊：為什麼這本書的預測是錯誤的？法戴爾和羅傑斯怎麼可能會成功？他

們的所作所為與過去十年的創新研究建議恰恰相反，他們沒有進行創造性的腦力激盪會議，反而互相**批評**。他們沒有從外部群眾外包創意，而是**從自己出發**來制定願景。

然而，事實證明，人們對 Nest Labs 公司恆溫器的喜愛，遠遠超過了其競爭對手遵循「有效的創新實踐」所開發的新恆溫器。

Nest Labs 公司並非遵循不同創新路徑而取得成功的唯一組織。蘋果、揚基蠟燭（Yankee Candles）、庫卡機器人（Kuka Robotics）、飛利浦醫療（Philips Healthcare）和雀巢等公司都採用了類似的方法，也就是依靠一種**批判性**和**從自己的願景出發**的能力，創建了突破性的業務。

與此同時，許多企業已經實踐了創新管理手冊提出的有效創新法則：它們進行了腦力激盪，仔細觀察分析了使用者，從外部獲取了眾多創意。在此過程中，它們還提高了改進現有產品的能力，也努力抓住了競爭中的巨大商機。雖然它們在創新方面做了各種投入，但最終還是眼睜睜地看著其他企業拿到了「最大的蛋糕」。關鍵不是它們錯失了創意，它們是**被各種創意淹沒了**。而且它們**一直頑固地朝同一個方向走**。

這是為什麼？過去的十年間一直在宣導的創新方法究竟有什麼**問題**？

如何在**充滿創意的世界**裡進行創新？難道最大的挑戰不是創造更多的創意，而是理解大量的機會？

如何創建對顧客、我們和我們的業務都具有意義的**美好願景**？

研究問題

在過去幾年裡，我一直沉迷於研究這些問題。除了我，其他志同道合的學者也對近年創新理論中的「創新需要創造更多的創意」、「創新需要從外部開始」這兩個原則持保留意見。我和其他研究人員的研究證明，情況並非總是如此。例如，在我以前撰寫的《設計力創新》（*Design-Driven Innovation*）一書中提到一些意想不到的發現：突破性創新似乎並非源自於使用者。[2]《設計力創新》一書鼓舞人心，我收到了積極的回饋，這鼓勵我和團隊進行更深入的研究。我們想把激勵轉化成行動，創造一種能更好地適應不斷變化的世界的方法。這個世界充滿創意，卻又在不顧一切地尋求突破性願景。

在此過程中，我們有幸遇到了一些和我們有共同疑惑的管理高層。他們的創新遭遇了挫折，他們看到了腦力激盪、群眾外包和使用者驅動型方法的局限性。這些方法產生了大量的創意，讓人應接不暇。這些創意確實有一定的價值，但十分有限。這些管理高層找到我們，希望能夠探索新的方法。在創新過程日趨雷同的背景下，他們希望**改變創新的方法**。

本書講述了我們在探索過程中學到的東西，簡而言之，這些東西可以概括為以下三點。

- 在目前的情況下，創意過剩。對企業和顧客來說，這意味著創意的邊際價值會越來越小。實際上，這還會使事情更模糊難辨，從而毀滅其價值。

- 在充滿機會的情況下，價值源於創造更明智的方向。這並不需要更多的創意，而需要**有意義的**願景；不需要改進做事的方式，而需要改變我們需要它們的**原因**。成功者是超越現有問題並重新定義新環境的那些人。他們提供顧客喜愛的產品，也就是並非更好，而是更有意義的產品。
- 為了創造有意義的東西，我們需要這樣的過程：批評，並從我們自己出發，由內而外。其原則與近年來廣泛流行的創新理論中創造更多創意和由外而內的創新過程恰恰相反。

我們將先研究這些基本原則，再介紹我們在方法論方面的研究成果：組織創造有意義的產品和服務所需要的過程和工具。讓我們先來擇要介紹後續章節的內容，首先從核心內容——創新不僅只有一種形式，開始介紹。

創新的兩種形式

無論是產品、服務、過程還是商業模式，都有兩個層次的創新，如圖 1-1 所示。

解決方案創新。解決方案創新就是運用更好的創意來解決現有問題，用一種新**方法**來解決市場中的相關挑戰。一種新的解決方案可能會帶來漸進甚至根本性的改進，可是這些解決方案都是朝同一個方向發展，它們都是「大同小異」的

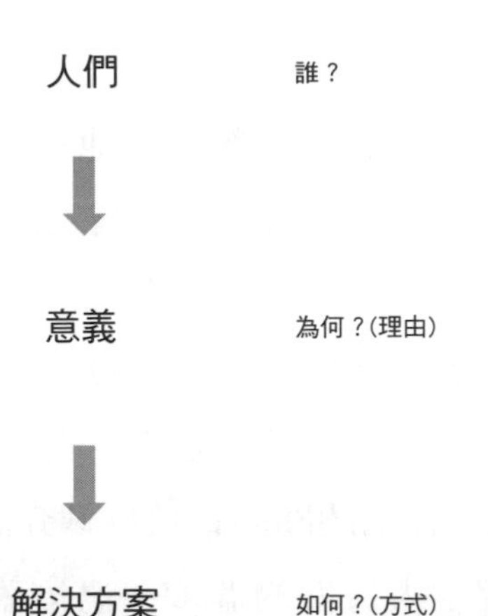

圖 1-1　創新的兩種形式：解決方案創新與意義創新。

創新。

以恆溫器產業為例。在 Nest Labs 公司成立之前，該產業的企業認為，價值來自於讓使用者能夠更好地**控制**家裡的溫度。為此，它們推出了新的解決方案：**如何**讓使用者更好地控制家裡的溫度。它們把創新重點放在創建具有新功能的數位程式控制恆溫器，它能更精確地進行個性化程式控制（如觸控式螢幕顯示、星期／日期設置、使用者溫度調整）。這些當然是更好的解決方案，也就是更好的**方法**，人們也確實會購買這些新的恆溫器。但它們有意義嗎？人們真的會愛上它們嗎？

意義創新。意義創新即重新確定值得解決的問題的新**願景**。這使創新提升到了更高的層次——不僅採用新的**方法**，而且基於新的**理由**：它提出了人們使用某物的新原因，一種新的價值主張，對市場中哪些產品具有**重要意義**給出了新的

詮釋。它給了一個新的方向。

例如，Nest Labs 公司已經成功地為恆溫器提出了新的意義：人們使用恆溫器不是**因為想控制溫度**，而是**因為他們想不必控制溫度**就能舒適地待在家裡。因此，Nest Labs 恆溫器是簡單智慧的：不需要進行程式控制，因為它會自動掌握使用者喜歡的溫度和節約能源的方式。使用者只需要啟動簡單的手動控制裝置（作為開關的直接旋轉介面），三天之後，它的軟體就能了解主人習慣的溫度。溫控器還配備了感測器，當它感應到沒有人在家時，就會自動關閉暖氣。同時，這個軟體平台是開放的，所以協力廠商可以參與創造這一新的意義：如何讓人們擺脫控制溫度的煩惱。例如，Jawbone 的使用者可以用 UP24 可穿戴手環無線連接溫控器，如果早上比平時早起床，暖氣就會自動打開。技術人員說：「為什麼要用恆溫器呢？為什麼不讓手機控制一切呢？」法戴爾說：「但我認為，家是為全體家庭成員服務的，必須確保你是為全體家庭成員而設計，而不僅僅是為其中的某個人，要讓孩子、妻子、祖父母都能使用它。」[3]

Nest Labs 公司的願景和業內其他企業的願景恰恰相反：Nest Labs 設計的產品擁有「家的感覺」，而不是讓它過於頂級和花俏。[4] 這一願景（舒適而非程式控制，依靠設備而不控制設備，簡單而不繁瑣）顛覆了市場上對「意義」的理解。這些特性絕大多數都不會被那些想讓使用者控制溫度的恆溫器製造商認可，有些特性甚至看起來很古怪（尤其是使用簡單的旋轉介面而不是觸控式螢幕）。當顧客看到 Nest Labs 的新概念時，他們發現它更有意義，因而愛上了它。

意義創新將你與顧客的互動提升到了一個更高的層次：愛的層次。它關注的是真正的價值：對人的**價值**。如果不具備這一點，即使性能再好，人們也不會愛它。那是一種約定。愛一個人和生活中的任何事物，都源自於意義。描述意義創新最恰當的比喻是把它當作「禮物」。Nest Labs 恆溫器是法戴爾、羅傑斯和他們的團隊帶給消費者的禮物。這不是滿足明確需求（人們沒有明確要求）或提供問題的答案，也不是消費者可以自己設計的東西。Nest Labs 給了人們一個驚喜，一種人們會發現更有意義的、新的可能性。

透過意義創新創造價值

如今，在大多數組織的經營環境下，意義創新是**價值創造的關鍵**。

一方面，這是因為**消費者在探尋意義**。事實上，人們探尋意義是眾所周知的。消費者行為方面的幾項研究表明，人們會愛上對自己更有意義的東西。他們愛上的是使用的原因，而不是使用方式。[5]

然而，在當今世界，價值的主要驅動力不僅是意義，更是**新的**意義。如今的顧客面臨前所未有的狀況：他們的環境急速變化。因此，他們的問題和對意義的探尋也在不斷變化。專注於創新解決方案的企業往往會發現，自己推出的新方案解決的是一個過時的問題。如果產品性能沒有意義，那麼再好的性能也沒有價值。當然，如果其他競爭對手沒有提出新的意義，那麼只專注解決方案仍是有效的。然而，一旦有人推出了更有意義的新產品，再先進的解決方案也會立刻顯得過時、落伍。我們不妨來看一看傳統的恆溫器製造商：它們不斷推出能更好地控制溫度的新產品，然而，由於 Nest Labs 推出了新產品，「溫度控制」就成了毫無意義的過時問題。頂級精緻的程式控制恆溫器，即需要大量研發投入的「更好解決方案」，突然間就顯得很尷尬，也失去了意義。

因此，如今重要的不僅是意義，更是意義**創新**。在一個不斷變化的世界，人也在變，因此，關於「什麼是有意義的東西」的認識也在變。贏得顧客長久喜愛的唯一途徑是不斷**創新我們所提供的意義**。

另一方面，意義創新不僅對顧客至關重要，對企業戰略也是如此。事實上，解決方案創新已經**失去了製造差異化的能力**。在我們生活的環境中存在大量的創意，企業也很容易獲取各種技術。由於過去十年的創新範式（如開放式創新、群眾外包或設計思維等）的廣泛影響，企業很容易從外部獲取創意，它們廣泛採用各種方法、步驟來增強自己團隊的創造力。結果，現在並**不缺乏解決方案**。它們廣泛存在，也很廉價；缺乏的反而是理解這些大量存在的創意的能力，缺乏的是在一個未知的世界裡提出新詮釋、新願景的能力。將創新提升到意義創新的層次，現在看來是非常必要的。這也是我們在創新中**獲得前期投資價值**的方法：我們越是採用開放式創新、群眾外包和設計思維，就越需要提高理解眾多機會的能力。

各種不同行業的其他組織也採取了類似 Nest Labs 的策略。它們透過意義創新，而不僅是簡單地改進解決方案，獲得了大量的價值。例如，澳洲勤業（Deloitte Australia）改變了風險管理服務的意義，不把風險看成是破壞價值的消極因素，而將風險視為積極因素，顧客可以利用它來創造競爭優勢。Airbnb 把住宿的意義從在標準房裡安全地休息，變成了能夠遇見新朋友並深入當地真實生活的機會。我們將深入討論幾個案例，如揚基蠟燭、飛利浦醫療、蘋果、Uber、Waze、庫卡機器人、意法半導體（STMicroelectronics）、Vibram、IKEA、Spotify 等。附錄中還提供了在不同環境中的不同類型例子：包括企業對消費者（B2C）和企業對企業（B2B）市場，也包括產品和服務，如下頁圖 1-2 所示。

它們是怎麼做的？它們如何創造出讓人愛上的意義創新？

解決方案創新與意義創新的原則對比

在過去的十五年，解決方案創新的觀點主導了創新方面的論述。這種觀點假設使用者有需求或**問題**，並在尋求最好的**解決方案**。因此，其認為創新是**創造性解決問題**的活動。這就意味著組織創新要先理解使用者需求（顧客當前的問題），再透過**創造創意**來更好地解決這些問題。

解決方案的創新研究提出了從內部（如腦力激盪、設計思維等）和外部（如開放式創新、群眾外包等）提升組織創

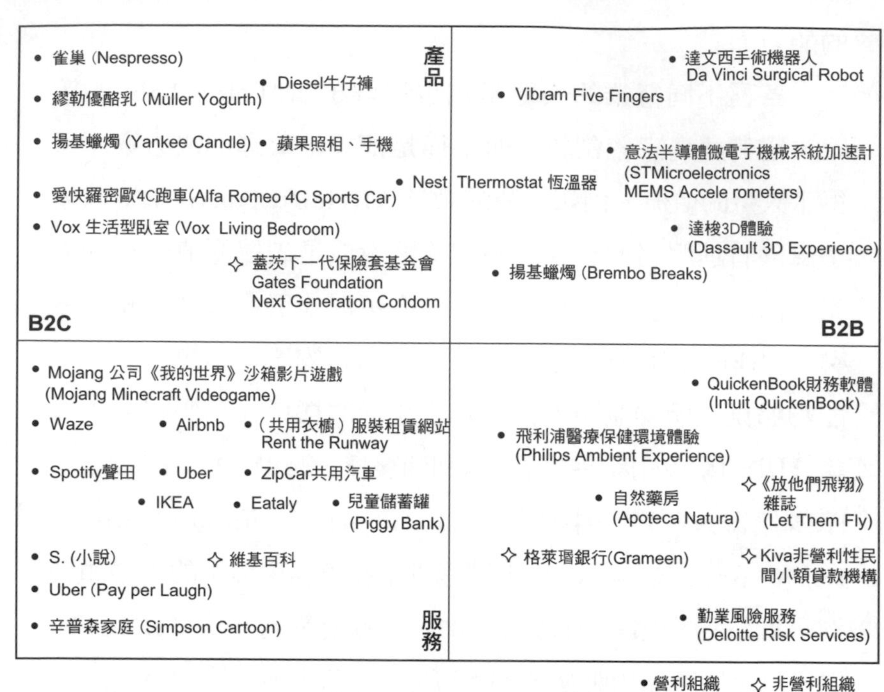

圖 1-2　在不同行業意義創新的例子（案例概要請見附錄）。

造力的方法。這些方法隱含這一假設——最大的困難是找到卓越的解決方案，所以創意越多，就越有機會找到解決使用者問題的更好方法。這些「創造性解決問題方法」的具體步驟和過程會有所不同，但它們都基於兩個基本原則。

第一個原則涉及創新過程的**方向**：創造性解決問題的方法是**由外而內**產生的。我們先走**出去**觀察使用者如何使用現有產品，然後請**外部人員**提出新的創意，即使是讓我們自己進行創新，也要「從**外部人員**的角度進行思考」。

第二個原則涉及**思維模式**：解決方案創新建立在**創造創**

意的藝術之上。假設我們創造的創意越多，找到好創意的可能性就越高。

本書揭示，意義創新的過程與此恰好相反：需要**由內而外**，而非由外而內；基於**批評**而非基於創造創意，如圖 1-3 所示。

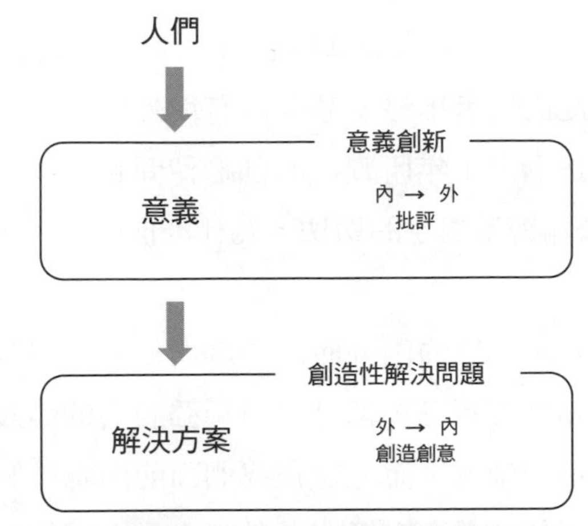

圖 1-3　意義創新和解決方案創新的原則對比。

◎由內而外的創新與由外而內的創新

東尼・法戴爾從自身出發。他想創造會讓人們愛上的恆溫器。而對他來說，「人們」這個詞最初意味著他和他的家人。如果我自己都不喜愛它，顧客怎麼會喜愛它呢？當然，後來他還是按照慣例做了使用者分析。但他沒有從使用者分析出發，而是從內心出發。

更準確地說，他是從內心的不適（他討厭從各種恆溫器中進行挑選）出發。如今每當他構思新產品的時候，這種不適仍是主要的驅動力。「在設計出恆溫器之後，我們計畫用同樣的方式來設計家人原本不喜愛的每一件產品，從而讓家人喜歡上這件東西。」[6] 法戴爾說道。他的家位於太浩湖邊，房子的外牆上裝著一個控制游泳池溫度的醜陋米色裝置。在訪談時，他指著它說：「在我們來這之前，那個破東西就在那兒了，顯得很不協調，好像在莫名其妙地盯著我，我準備去修理一下。還有，你看看上面那些恐怖的保全攝影機！」[7]

他沒有從使用者出發，甚至沒有從外部人員那裡獲取創意，而這正是過去十年所宣揚的創造性問題解決方案，也是 Nest Labs 公司競爭對手的做法。為什麼他成功了，他的競爭對手卻沒有？

近些年非常流行的由外而內的創新模式（如開放式創新或使用者驅動型創新等）都基於這種強有力的假設——最困難的是找到新的創意，而一旦在我們面前出現一個不錯的創意，哪怕這個創意離奇古怪或是外部人員介紹的，也很容易被認可。這對解決方案創新而言是正確的，因為它能夠幫助我們在某種程度上解決既有問題。但這不適用於意義創新。因為相對於解決方案來說，意義具有不同的屬性。它們對好壞有全新的判斷和詮釋（以 Nest Labs 為例，其意義是舒適簡單而不是控制溫度和完美的程式）。對於意義來說，不存在判斷的標準，因為我們要創新的就是「判斷標準本身」。提出「新的意義和詮釋」相對簡單，尤其是在如今充滿機會的世界，而困難的是理解其中哪一個是真正有意義的。選擇越多，我們就越覺得它們相似，同時，我們的判斷更主觀、武斷。即使外部人員為我們帶來新的願景，但在刺激氾濫和混亂的情況下，最終我們只看到自己能看到和想看到的東西。

不妨來看恆溫器產業。現在，Nest Labs 恆溫器採納的大多數創意已經眾所周知，但在當時可是沒有人認可的。2009 年，也就是 Nest Labs 公司創立的兩年前，美國綠色建築委員會、美國室內設計師協會和酒店餐飲業網站 NEWH 舉辦了一項可持續家居設計的公開賽。獲勝者展示了一個智能恆溫器，它能夠感知屋子裡的人的存在（就像 Nest Labs 公司的恆溫器）。[8] 這一創意眾所周知，並向大眾公開，也可以免費獲取，但產業並沒有採納。2012 年，霍尼韋爾（Honeywell）公司控告 Nest Labs 公司侵犯了它的七項專利權。這說明霍尼韋爾早就有了這些創意，但它沒有認識到其價值，也沒有使用這些專利權去創造價值，而顧客也不能幫助其理解什麼是有意義的。在一次採訪中，霍尼韋爾公司環境和燃燒控制事業部的一位管理高層說：「公司已經在測試與 Nest Labs 類似的解決方案，但我們發現消費者更喜歡控制恆溫器，而不是被恆溫器控制。」[9]

關鍵是組織中的每個人對未來的發展方向都有明確或潛在的意識。這種意識難免會對我們收集關於發展方向的觀點進行過濾。我們會傾向挑選支援這種方向的顧客，並且只聽我們想聽的（如霍尼韋爾公司的這位管理高層說了許多她想聽的東西）。如果我們根據現有的判斷標準去尋找更好的解決方案，這就不會是問題。但意義創新要改變的是方向和判斷標準，如果從外部人員的創意出發，我們就不會認識到這一點，即使意義創新的建議已經擺在我們眼前，並且即使我們忐忑不安地去嘗試探索一條奇怪的途徑，也會在第一階段的挑戰中放棄。

我們可以外包解決方案，但不能外包願景。願景是我們觀察事物的鏡頭，也是我們賦予自己在世界上生存意義的心靈。我們不能借用別人的眼鏡，更不能借用別人的心靈。這就是為什麼 Nest Labs 公司不借用大眾或使用者的**創意**，而是用法戴爾和羅傑斯自己的**願景**。

從我們自身出發，從我們希望人們會喜愛的東西出發，有兩大好處。

第一，如前文所述，每個人在自己的心中都有一種方向感，其中隱含著對人們會喜愛什麼的假設。這是不可避免的。我們透過隱含的假設，就能**更加明確**自己的認知框架，也能向**挑戰**我們認知框架的人進行明確的展示。

第二，從自身出發的原因甚至更加深刻。我們自己最初的創意並不是我們需要打擊的負面偏見。相反地，它是寶貴的，我們需要它，它是我們創造意義的基礎。沒有人會朝一個對自己沒有意義的方向前行。解決方案可以從外部借鑒，因為它可以使我們實現目標，但是這個目標、方向必須出自我們自己。在最近的一次採訪中，我問蘋果公司的聯合創始人史帝夫・沃茲尼克（Steve Wozniak），他在開發蘋果一代和二代產品的時候有什麼想法。他回答道：「人們絕不會愛你自己都不愛的產品。如果你自己不愛它，人們會感覺得到……也會聞得到……」[10]

確實，人們不可能愛我們自己都不愛的禮物。禮物就是兩份愛之間的交匯點：**收到的人**喜愛，而且**我們**也為這個人能接受它而高興（也就是說**我們**真誠相信這能使她生活得更加美好）。創造有意義的產品就像製作禮物一樣，是一種承擔責任和令人愉悅的行為。之所以說是一種承擔責任的行為，是因為透過禮物，**我們**有機會創造一個更有意義的世界，這是我們對人類生活做出貢獻的方式。之所以說是一種令人愉悅的行為，是因為如果我們喜愛禮物，我們自己在**製作**禮物的過程中也會感到愉悅。

所以，**禮物是送給別人的，但製作禮物的行為則是為了我們自己**。如果這樣做，我們就創造了意義。人們在看到禮物之前就能覺察到它，然後就會愛上它。

◎批評與創造創意

意義創新和解決方案創新之間的第二個基本差異是**思維模式**。創造性解決問題建立在創造創意藝術的基礎上；意義創新則相反，需要**批評**的藝術。其中有兩個原因。

第一，意義創新的過程是從內心出發的。由於我們是從自身情況和自己的假設出發，我們要確定哪些假設是對其他人有意義的，確保我們沒有拘泥於原來的判斷。批評是一種**挑戰**自我認知框架的方式，是一種質疑我們如何理解環境的方式，促使我們甩開自我、擺脫沒有意義的過去。

第二，更重要的原因在於它使我們不僅超越過去，還創造了**新東西**。當我們提出新願景的時候，我們只是從模糊的假設出發。我們最初的提議是模糊不清的，僅僅是一種**方向**

感，其價值和意義都還不清晰。它不僅對其他人來說模糊不清，對我們自己更是如此。批評使我們進行更深入的研究探索，把我們的假設與他人的假設進行比較，然後找到一個新的更強有力的詮釋。

「批評」(criticism) 這一詞語來源於古希臘文「krino」(κριυω)，意思是「我**判斷**、我**評價**」。雖然「批評」常帶有負面含義，但實際上並沒有什麼特定的正面或負面的傾向，而是指在詮釋事物的時候進行**更深入的實踐**。影評者並不一定要進行負面的評論，而僅是為了幫助我們更好地理解藝術作品。有些影評是正面的，有些則是負面的，還有些兩者兼有。但好的影評都是深入的，力求揭示隱含在**表面之下的東西**。

批評是動力，推動了法戴爾和羅傑斯在餐館的對話，促成了 Nest Labs 公司的誕生。這種批評對話發生在這兩位原本就相互信任的夥伴之間（他們原先在蘋果公司共事，法戴爾是 iPod 的主要推動者）。批評的目的不是抹殺對方的想法，而是促進其形成更好的詮釋。以前在蘋果公司，法戴爾和史帝夫．賈伯斯之間的互動也體現了「創造性批評」。「他認為我問的問題太多了，」法戴爾說，「我就是想繼續問下去，『嗯，那怎麼樣呢？那又怎麼樣呢？』然後，他會說，『夠了。』我的追問會使他很沮喪，但過一會兒，他就會問我一大堆的問題，他也會使我備感沮喪。然後，我就會說，『史帝夫，讓我一個人待一會兒』。」[11] 法戴爾讓 Nest Labs 公司充滿激發創造性的緊張氛圍。他的同事認為他的風格與《權力遊戲》中的魔山相似，他們如同大發雷霆的打架者一樣，非得把對方打得頭破血流。[12]「當你讓某個人很沮喪的時候，那可能就意味著你是對的了。」法戴爾解釋道。[13] 不過，他的目的並不是要擊敗和消滅對方，而是要建立更強有力的願景，超越簡單平凡的創意。「法戴爾曾經好幾次用拳頭敲打著桌子，衝著別人大喊大叫，要求做到極致，」羅傑斯說道，「但與此同時，他非常熱情，非常關注員工個人的發展。」[14]

具有共同願景的批評能夠超越原本的詮釋，促使人們全心投入新的共同願景中。如果運用得當，批評可能要比任何順從性創造創意的討論會中的鼓勵和促進作用更為強大。

因此，得到有意義的新詮釋的過程與典型的創造創意的過程是完全不同的。新意義不是透過提高數量來創造的，也就是說，不是透過創造盡可能多的創意，然後從中選擇最佳的創意，而是透過提高品質來創建的。首先創造幾個初始的創意願景，使它們碰撞，關注其中的差異，探尋對差異新穎而深刻的詮釋，理解每一個創意願景還有什麼缺陷和遺漏。這是**碰撞**和**融合**我們內心不同觀點的必經過程。腦力激盪要求**延緩**判斷，而意義創新是**透過**判斷促成。批評的藝術使我們發現了新的創意，並把我們內心模糊的初始假設轉化為會讓人們愛上的強有力最終願景。

不幸的是，批評是一門我們很少去悉心培育的藝術。因為批評植根於**緊張**，所以我們要謹慎對待。錯誤的批評只會扼殺創新過程，破壞產生卓越的創意願景的可能性。那麼，我們應該怎麼做？為了進行更深入的詮釋，我們該如何著手？如何把批評和創造性（兩者表面上是矛盾的）整合起來？

意義創新的過程

我們對創造性解決問題的探討並沒有局限於這兩個原則。我們想了解企業如何在實際操作中促成意義創新：這些原則是怎樣轉化成切實可行的過程。

因此，我們踏上了一段漫長的旅程：為了探討如何製造人們喜愛的產品，我們經歷了幾乎整整十年的時間。首先，我們向過去在這方面取得成功的企業學習。其次，我們把學到的最好的經驗融入過程模型中，使之可以運用於不同的環境、產業和文化。最後，我們在不同組織的幾個專案中進行測試。我們相當幸運，因為我們遇見了願意嘗試新方法的管理者，他們願意享受成為意義創新先驅者的好處。多年來，意義創新的過程已經不再是最初的藍圖，它發展得相當全面。不過，我們一直都在學習、試驗和改進。在本書中，我們將與你一起分享，並希望你會成為其中的一員。你在本書中看到的知識、經驗，需要根據你的具體目的和環境進行調整。然而，我們建議你不僅要實踐從本書中學到的內容，還要去嘗試不同的方法，拓展各種方法的應用範圍，並分享你的探索發現。我們改進和分享得越多，就越能增強其他人創造意義的能力。

圖 1-4 總結了意義創新的過程（各種細節和操作性工具稍後在書中具體闡述）。這一過程是我們前面討論的兩個原則

（由內而外和批評）的自然結果。

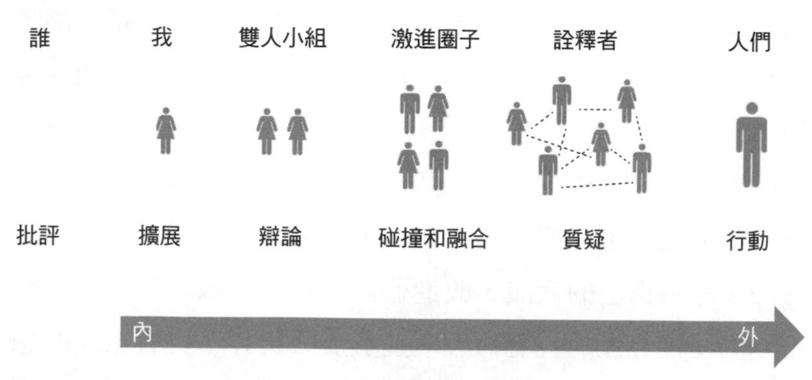

圖 1-4　意義創新的過程。

由內而外的過程，從作為個體的**我們**自己出發，從創造**我們希望人們會喜愛什麼**的假設開始。由內而外的過程是羅傑斯和法戴爾在餐館見面之前，發生於他們思想和心靈的過程。我們將指導大家組建有共同願景的團隊。團隊成員由組織中某些特定的人組成，他們具有創造有意義假設的潛力。我們將提供如何培養和利用個人洞見的方法。這一階段和創造性解決問題的過程截然相反。這不僅因為我們沒有從使用者出發，而且還因為我們創造可能假設的方式不是基於創造創意，而是基於反思和自我批評。我們需要的不是創造幾個創意，而是創造幾個意義假設（甚至只有一個），並創造得當。我們不關注**如何**解決問題，我們關注提出的**意義**，關注顧客喜愛它的**原因**。我們不需要團隊一起來創造假設，而需要個人獨立自主地創造自己的假設。這樣我們就提高了深入挖掘個人願景的能力，而不是削弱它。獨立自主也意味著我們可以根據個人情況挑選最適合自己的創造方法（直覺法、定性法、定量法等，本書會提供豐富的選擇方案）。這提高了建議的異質性，也因此增加了可能的方向。我們不會開快速的腦力激盪會議，而是用更多的時間（一般一個月）來反省自己的假設。我們從創造幾個假設開始，可以憑直覺創造假設，然後先放下它們，過一會兒再**詳細考慮**建議、嘗試新的方法、挑戰自己的假設、改進假設，然後再放一段時間，直到我們模糊混亂的直覺假設，並發展成更好、更有意義的想法。

從內部出發的第一步完成之後，為了確保我們沒有局限在自己的假設中，就要轉向外部。我們的目的是創造會讓**顧客**愛上的產品，因此，我們需要批評。但也要謹慎，因為我們最初的假設，尤其是那些最稀奇古怪的假設，還很脆弱、模糊不清。所以，我們需要**逐步**敞開批評之門。

踐行批評藝術最柔和的方式是**雙人成對**工作。雙人成對是指有相似方向的兩個人一起工作。透過彼此挑戰，他們自然會加深反思，而不會抹殺彼此的願景。這是我們在餐館觀察到的法戴爾和羅傑斯之間的互動狀況：兩個互相極為信任和尊重的朋友之間的尖銳批評。這也是先前法戴爾和史帝夫・賈伯斯之間經歷過的互動過程。這種互動類似為了參加大賽而在拳擊對手之間進行的拳擊訓練。他們明確地探尋彼此的弱點，並全力較量，其目的不是為了擊垮對手，而是為了使之更強大。同樣地，在意義創新中，辯論雙方沒有顧忌地攻擊彼此假設中的弱點，因為他們知道，從根本上而言，他們互相之間存在類似的信任。雙人成對工作是創造突破性願景最有力（也是最容易被忽視）的方式之一。當我們開始相信全新的東西，就連我們自己對它的認識也還是模糊不清的，因此需要努力理解它的形態結構。此時，我們還很脆弱（甚至很心虛膽怯），不能在較大的團隊中暴露我們不成熟的創意，因為它可能會被迅速否定。但我們敢於和一位我們信任的辯論夥伴一起分享，並接受批評，目的是促使我們共同的願景更加成熟強大，準備迎接日後更尖銳的批評。

如果辯論對手的批評旨在**加深**我們對全新願景的認識和理解，那麼下一步就是朝著**新的**方向前進。為了探尋前所未有的詮釋，我們需要比較和整合**不同**的假設。因此，我們把一對一對的雙人組合組成更大的群體，也就是激進圈子。我們稱之為「激進」，是因為它的目的是創造全新的願景；我們稱之為「圈子」，是因為它的參與者是精心挑選出來的，並且需要一起密切地工作，通常會以激烈辯論的工作坊的形式進行。由於雙人之間的假設截然不同，工作坊期間的批評通常會更尖銳。這就是我們在這一階段所需要的。這些單個的假設現在已經更健全成熟，也更清晰，不會屈從於批評。相反地，圈子自然會尋找兩個明顯差異的願景背後的原因，尋找從個人和雙人特定的角度看不見的新奇意義。這是碰撞與融合過程的核心：創新需要對比和緊張態勢。我們將看到透過批評支援創新動態發展的方法：例如，確定共同敵人、腳本發展、關注興奮因素和使用隱喻等。

批評過程接下來需要進一步對外開放，對真正的外部人員，即**我們組織以外**的人開放。首先是**詮釋者**，也就是從不同角度解決我們戰略背景問題的專家，他們所在領域與我們相差甚遠。詮釋者幫助我們更深入地思考新願景的含義。然後是**顧客**，即那些可能會喜愛我們提議的人。在法戴爾和羅傑斯的創新過程更深入的階段，他們確實向外部開放了。最後他們挨家挨戶走訪，去核實他們的方向是否確實具有意義。但在此同時，他們已經有了他們希望進行測試和挑戰的強有力願景。因此，意義創新當然還是會利用外部人員的價值，但會在後期階段進行。**當我們有了一個新的框架**可用來解釋外部人員的回饋和洞見的時候，就可以對外部人員開放了。因此，他們的參與和流行的開放式創新、群眾外包和使用者驅動型方法截然不同。意義創新的外部人員的主要角色**不是提供創意**，而是**挑戰**我們提出的創新方向，並使它更強有力且更深入。在這裡，外部人員需要帶給我們的是好的**問題**，而不是好的創意。換句話說，他們貢獻的是**批評**，而不是創意。

意義創新的定位

本書闡述的創新過程與過去十年間主流的創新活動截然不同。事實上，本書所踐行的從我們自己出發、接受批評的原則，通常是被創新思想家們認為無用而禁止的，甚至是認為有害而加以妖魔化的。這種不同不僅體現在原則上，還體現在創新過程的每個細節中：獨立自主地工作、花時間反省、使用不同的工具而不是共同的方法、找到一個同行、挑選一些外部人員，並在後期階段才會接觸顧客。

我不是說創造性解決問題是錯的。完全不是如此。我們在這裡討論的是**不同形式的創新**，當然需要**不同的過程**。圖1-5 對意義創新和其他創新方法進行了比較。

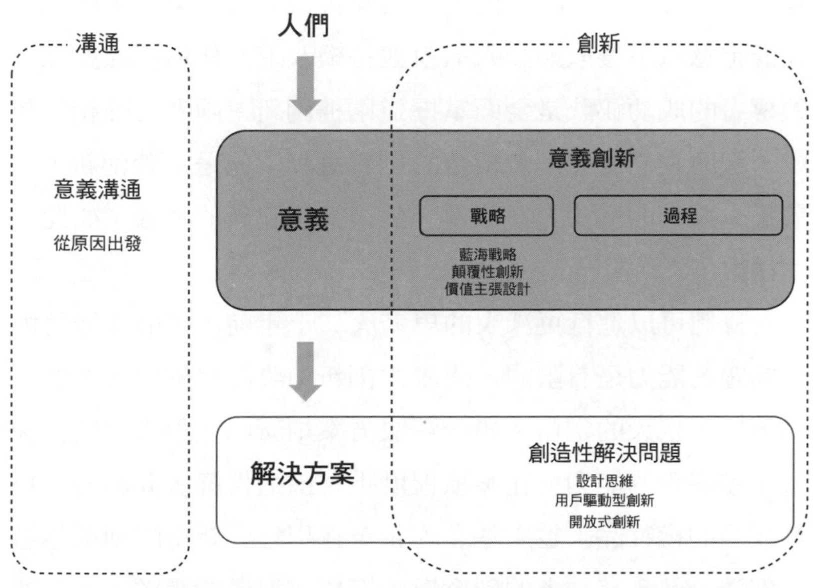

圖 1-5　在整體的創性過程中， 意義創新如何補充和完善其他創新方法（灰色區域是本書的核心）。

如前所述，意義創新關注的是事情的原因。它提出了人們使用更有意義的產品的新原因。它是關於新方向的願景。

由外而內的過程基於創造創意（在「創造性解決問題」方面收集創意），沿著現有的方向創建更好的解決方案，而不是基於意義的創新。近年來提出的許多創新方法對解決方案創新極為有效，如開放式創新、群眾外包和設計思維等，但它們肯定不適合開發新的意義。反之亦然，基於批評的由內而外的過程也不適合改進現有解決方案。

因此，這兩種層次的創新都有其特定的過程。每個組織既需要新的意義來創建價值創造的基礎，讓顧客愛上我們的產品，引導環境中的變化，也需要新的解決方案來確保我們在既定意義下獲取最好的績效並持續改進。任何組織和任何領導者的成功祕訣是全面掌握這兩種創新。兩者之間相輔相成，因而我們需要兩者組合的創新過程：先是意義創新，接著是一系列的解決方案改進，然後又創建新的意義，如此迴圈往復。[15]

我們可以進行更深入的思考。二十年前，組織創造性解決問題的能力是有限的，開放式創新和設計思維這些方法幫助填補了巨大的空白，如今解決方案創新已在很大程度上失去了差異化的能力。在某種程度上，創造性解決問題是其自身成功的犧牲品：越來越多的企業採用它，新奇的創意越容易創造，就會有越多的創意變成廉價、氾濫的貨幣，僅僅憑藉創造性解決問題很難發揮作用。我們可以這樣類比：設計思維和開放式創新正變成現在企業通用的「全面品質管制」體系。它們是必備條件，我們必須這樣做，但不是差異化因素。我們不能依靠它們來創造競爭優勢。我們無法借此讓我們的產品令人興奮、讓人愛上它。

意義創新是組織在創新道路上的下一步。在充滿創意的環境裡，科技和解決方案越來越容易獲取，但是問題和意義在不斷變化，這有助於**理解**豐富的創意機會，從而挖掘其潛力。

圖 1-5 也展示了本書與最近討論的其他理論框架的關聯和區別。

這些理論框架之一是賽門・西奈克（Simon Sinek）對「為何」的重要性方面的思考。[16] 我們確實在同一層次上，即在意義（為何）的層次上，而不是解決方案（如何）的層次上。我們都觀察到：在當前的環境中，獲取最大價值是使顧客（和員工）喜愛的企業從為何（原因）出發，即從意義出發，而不是從解決方案出發。

主要的區別在於賽門採取**溝通**的角度，而我們討論的是**創新**。他關注的是溝通（對顧客和組織員工）意義的力量。我們關注的是如何創造新的意義。在不斷變化的世界中，價值創造源自於**新**意義。在本書中，你會發現如何進行意義創新，發現賽門激勵你如何溝通意義並利用意義。

這些理論框架之二是關於戰略領域和新的**價值主張**創建的理論。例如，金偉燦（W. Chan Kim）和芮妮・莫伯尼（Renee Mauborgne）的《藍海策略》（*Blue Ocean Strategy*），[17] 以及克雷頓・克里斯汀生（Clayton Christensen）的顛覆性創新理論體系。[18] 從這個角度來說，我們確實處於相同層次。意義創新就是方向的改變，一趟藍海策略之旅。本書用具體實例說明什麼是金偉燦和莫伯尼稱作**價值創新**的東西，也就是顧客用來賦予產品價值的參數。類似地，意義創新也與克里斯汀生和安東尼・伍維克（Anthony Ulwick）的「要做的工作」[19]，以及奧斯瓦爾德（Osterwalder）的價值主張設計有關。[20] 但與這些框架的差異不僅是術語上的不同。（我們稱之為「意義創新」有一個原因：人們和顧客不會用工作或價值主張的方式，而會用意義的方式進行思考和感受。因此，從意義的角度更容易引起顧客的共鳴。）主要的區別是，上述框架提出了**戰略**領域的計畫布局，而在本書中，我們挖掘得更深，並闡述了創造新意義（即創造藍海或要做的新工作，或新的價值主張）的**過程**。我們已經和習慣於上述戰略框架的管理者進行合作，他們很歡迎本書所描述的過程，因為這一過程讓他們能踐行這些戰略。[21]

我們將看到如何把這些框架（還有很多同一領域的其他人提出的框架，例如狩野紀昭〔Noriaki kano〕的價值模型、發現驅動型創新框架、體驗設計、引導使用者等。）提出的戰略布局納入一個連貫可行的組織過程裡，尤其是如何確定合適的人員參與這一過程以及如何建立正確的思維模式，即從由內而外出發和踐行批評的藝術。

最後的理論框架是關於**精實執行**的實踐，例如，先確定最小化可行產品，然後是快速和反覆運算開發。[22] 這些實踐涉及產品和服務的發展，有效地補充了我們的意義創新過程。我們會在最後部分介紹如何利用這些實踐。

本書概要

本書由三部分組成。第一部分探究**價值創造**，介紹了意義創新的概念、在如今重要的原因，及其為何是**創新戰略**的關鍵要素。首先，我們將從**人**的角度進行分析，說明為什麼顧客會喜愛新的意義（第二章）。然後我們再從**企業**的角度進行分析，闡明為什麼意義創新是一個主要的**差異化因素**（第三章）。除了對如今組織意義競爭方面的基本觀察，我們將關注一個具體的問題：，**我的**企業、**此時此刻**是否需要意義創新？

然後，我們進入實作階段。第二部分關注的是鞏固意義創新過程的**原則**：創新由內而外（第四章）和批評（第五章）。關注原則（在對過程和方法工具描述之前）的原因源於一個基本的觀察：在我們的世界中，我們缺乏的不是解決方案而是方向。不是如何（方式），而是為何（原因）。我們並不缺乏創新的方法和工具（過去十年中已經嚴重過剩了）。我們不清楚的是要用哪一個方法或工具、什麼時候用和**為什麼用**。這一部分的目的是提供核心能力，以便你能夠在**特定的組織和背景**下選擇最有意義的方法。

第三部分闡述了意義創新的過程和工具，即我們在與企業合作開發人們喜愛的產品時所採用的方法。第六章講意義創新的第一步：從我們**個體**出發，如何創造新的意義。第七章講接下來的兩個步驟：如何透過**雙人小組**和**激進圈子**的工作來碰撞和融合不同的願景。具體來說，我們將描述「意義工廠」的方法和工具。「意義工廠」就是一個為期兩天、基於批評藝術的緊張的工作坊。第八章講涉及外部人員（**詮釋者**和**顧客**）的最後兩個步驟。我們會說明如何尋找和選擇詮釋者，在為期一天的緊張會議（詮釋者的實驗室）中如何與他們進行互動，以及如何讓顧客參與創造具有突破性意義的產品。

由於每部分都有不同的目的，書中的風格和語言會有所不同。第一部分涉及價值，在敘述過程中，我難免會真情流露，希望你能理解。因為我們將討論為什麼人們會愛上有意義的東西，而一個人怎麼能關閉心扉來談情說愛呢？第二部分闡明原則，我會轉而採用更學術性的語言風格。但只是有一點兒學術化，請不用擔心，你不會在科學論文中迷失的。我們需要什麼來支援我們的思考？我們的思考應建立在其他著名思想家強勁而堅實的肩膀上。我將告訴你關於意義創新的戰略和過程的理論，這樣你就可以在實踐之前發展思維模式、技巧和能力。第三部分介紹過程中的方法和工具，我將使用平實甚至單調乏味的語言風格，就像手冊式語言，儘量多配圖表，少用文字。

在某種程度上，我有三重性格：本我、學者、工程師。我本來沒有打算展現這三種性格，但有時不可避免。我希望你能忍受這些語言風格的變化和關注點的差異，希望你至少可以和其中一種性格產生共鳴，還希望在這三種語言風格中，至少有一種能激勵你，在這個世界上創造意義的奇妙旅程中，用你自己的多種個性，創造屬於你的傳奇故事。

PART 1

價值：
為什麼意義創新很重要

The Value: Why Innovation of Meaning Matters

事物的意義總是與時俱進。意義一直是人們生活的核心，然而在創新框架中卻從來都不是核心。為什麼？在過去沒有充分關注意義創新的情況下，為什麼組織能夠生存下來？而現在，為什麼它們的生存依賴於它們提出新意義的能力？**此時，你的**企業需要意義創新嗎？

第一部分從兩個角度回答這些問題。第二章從**人的**角度回答：為什麼意義創新對顧客很重要？為什麼他們會愛上新的意義？答案存在於環境狀況的兩種變化中。首先，在複雜的世界裡充滿了太多選擇。如今，人們並不缺乏解決方案。當一個人不得不選擇產品或服務時，他面臨很多選擇。在機會的海洋中，挑戰在於了解哪些選擇對個人來說是有意義的。因此，人們關注的焦點，從「如何」轉向「為何」，從「我如何解決這個問題」轉向「這對我有意義嗎」，從「我需要這個」轉向「我需要這個嗎」。其次是變化的速度。過去，社會的意義是緩慢地變化、發展，組織只需簡單地等待和適應就可以了。如今，事物的意義以驚人的速度變化著。不妨想一想電視的意義：隨著智慧手機在青少年之間普及，電視已經從家庭的敵人（「不要看太久的電視」），變成最好的夥伴（「諸位，我們今晚能不能看電視，這樣做很棒唷，每個人都在看同一台電視，而不是只盯著自己的手機。」）。這種意義的徹底改變發生在短短幾個月之中。大爆炸發生在轉瞬之間，沒有留給人反應的餘地，人們只能主動地駕馭變化。

第三章從組織的角度回答：為什麼意義創新能為企業創造價值？為什麼它是一個主要的**差異因素**？這是由於兩種趨

同現象。一方面，顧客探尋新的意義（見上文)。另一方面，只有少數組織知道如何有效地做到這一點。企業在創造解決方案的創意方面變得非常具有效率，這多虧了有網路和設計思維等創造性方法的幫助。但它們創造的創意越多，它們看到的情景就越混亂——它們很難找到有意義的方向。在某種程度上，以創新方式解決問題的成功和擴散，是它本身失去重要性的主要原因之一，也是需要進行意義創新的首要原因。創意非常豐富，意義卻相當罕見。至於在商業領域，價值就更是罕見了。

第二章

提高生活品質：對人的價值

The Search for New Meaning: The Value for People

「幾乎每個人都曾經有這麼一個階段：認為自己要儘快結婚，然後儘快生孩子。實際上，唯一要選擇的是和『誰』結婚，而不是『什麼時候』，也不是『之後要做什麼』。」

貝瑞・史瓦茲（Barry Schwartz）是一位心理學家和教授，他的 TED 演講著裝不同尋常：鬆垮的灰色短褲、帆布軟底運動鞋和寬鬆的普通 T 恤。他就這樣開始了演講：「現在，一切都非常值得爭取……我教的學生都非常聰明，但我指定給他們的作業卻比過去少了 20%，這不是因為他們不夠聰明，也不是因為他們不夠勤奮，而是因為他們全部的心思都在想這些問題，『我該結婚嗎？』、『我現在該結婚嗎？』、『我該晚點結婚嗎？』、『我該先要孩子還是先有事業？』。」

這段話深深地吸引了我。簡而言之，史瓦茲捕捉到了我們社會最獨特的一個變化：**從尋找解決方案到尋找意義**的轉變。

事實上直到最近，人們生活中的許多問題都已經是預先設定好的：畢業、遇見生活伴侶、找到工作、建立家庭、生孩子、事業有成。這是文化決定的，並且根植於社會結構之中。它們賦予了生命的意義，並提供了方向。人們沒有質疑這些要解決的問題，而是專注於找到最合適的解決方案：獲取什麼學位、與誰相伴、生幾個孩子等。

短短幾年內，世界發生了戲劇性的變化。解決方案變得越來越容易獲取，但與此同時，問題則變得越來越難以定義、難以捉摸和變化無常，甚至連一些人類的基本問題（例如人生伴侶和生兒育女等）都遭到了質疑。

更別提那些一般性的，諸如「我該買輛車嗎？」之類的問題了。過去，大學剛畢業、進入職場的年輕人一種主要消費方式是用薪水買輛車。汽車公司為了滿足各種品味和要求，不斷增加汽車的款式，但城市裡的千禧世代卻開始考慮：真的有需要買輛車嗎？ 2014 年，美國汽車共享公司 Zipcar 委託進行的一項研究顯示：超過 35% 的年輕人在積極尋找汽車的替代品，而不是有輛自己的汽車；由於優步和大眾運輸應用軟體的出現，24% 的年輕人正在改變他們的移動習慣。[1]

我們社會有一種旋風式變化：人們對「什麼是有意義的」並沒有明確一致的固定看法。人們的生活並不僅專注於尋找既定問題的解決方法，還關注在問題不確定、不斷變化的世界裡應該解決什麼樣的問題。人們在不斷尋找的不僅是解決方案，還有意義。人們的樂趣和挑戰是去哪裡（方向），而不是如何去（方式）。

在人們尋找意義的世界裡進行創新，與在人們尋求解決方案的世界裡進行創新是完全不同的。我認為，在我們的環境中能夠茁壯成長的組織，是那些提出新意義的組織。我將說明為什麼人們會愛上具有全新意義的願景，換句話說，我將從**人與社會**的角度，說明為什麼意義創新具有前所未有的**價值**。

首先，我將闡述這個世界的基本特徵：人們正在前所未有地尋找**意義**。他們希望了解越來越充滿機會、錯綜複雜、深不可測的生活。由於生活不斷**變化**，他們也在不斷地尋找**新的意義**。[2]

然後，我們將看到這種對新意義的尋求深深地影響了人們與產品、服務、組織的互動方式。過去，人們在尋找解決方案時，選擇的是性能**更好**的**產品**。人們的需求是確定的、性能是被給予的，企業競爭的是誰能提供最好的解決方案。而現在，當人們在尋找新的意義時，會發生什麼情況呢？人們的需求並不確定、性能也沒有被給予。人們選擇的是**更有意義的願景**。在這種情況下，作為身處複雜而不穩定世界中的個體，企業透過幫助人們理解什麼是對他們有好處的東西來進行競爭。

為了輔助我們思考，我只用一個大家都熟悉的消費品案例進行說明。這也是為了簡化起見，並把注意力集中在我們想知道的事情上：為什麼現在的人們會喜愛有新意義的願景。在下一章，我會詳細闡述在各個產業、各類產品和服務、各大消費和工業市場，以及各家營利和非營利組織中，產生了哪些類似的變化。所以，請耐心地讀下去，即使現在我沒有提到其他更接近你現實情況的例子，也會在後面進行闡述。

這章的案例說的是一個最簡陋的產品。按照傳統的思維邏輯，你會認為它與創新之間幾乎沒有什麼關係。這是一種現在應該已經消失了的東西，被遺忘在已滅絕物種的墓地裡。然而，實際情況是，這是一種在最近幾十年間發生了根本性變化的產品，是一種人們比以往任何時候都更珍視和喜愛的產品。

溫馨

「媽媽，我們有蠟燭嗎？」

「有，我們有一根，」媽媽回答道，她的聲音從客廳傳來，「蠟燭和火柴一起放在門旁的櫥櫃裡，在第一層隔板上。」

我在漆黑中小心翼翼地摸索著向門廊走去。1980年代初，在義大利，突然停電的情況並不少見，尤其是在山區雷雨交加的時候。我點了根火柴，當燭芯開始燃燒的時候，房間逐漸亮了起來。然後我往配電盤走過去，確認是我們房間裡的線路有問題，還是電力公司的線路故障了。

我們在山區小房子中只有一根蠟燭，而在米蘭的公寓裡則有兩根：第一根是為了同樣的用途（在停電情況下用來照明），而它幾乎被遺忘在某個抽屜角落；第二根則是還願蠟燭，不是用來照明，我記得蠟燭上裝飾著聖母瑪莉亞的肖像。

時至今日，三十年一晃而過。人們的家裡可能已經沒有蠟燭了。這兩種蠟燭確實也都沒有用了。如果停電，人們身上總是帶著手機，用手機照明更方便，也比燭光更亮。另外，即使在像義大利這樣具有宗教傳統的國家，人們家裡的還願蠟燭也越來越少見了。[3] 如今，邁向第三個千禧年，蠟燭產業應該已經消失了。然而，上個週末，我去看望母親時，在餐桌上熱氣騰騰的燉肉和玉米粥旁邊，母親點了一根漂亮的蠟燭歡迎我。我環顧四周：她在房子裡也精心布置了很多蠟燭。

現在人們買的蠟燭比以前還多，蠟燭產業蒸蒸日上、一派繁榮。1990年代，蠟燭銷量開始增長，並在2000年達到頂峰，每年增長至少 10%。[4] 21 世紀以來，儘管經濟不景氣，人們也一直在購買蠟燭。在 2008 到 2013 年，歐洲的蠟燭消費量相對保持穩定（每年約 60 萬噸），但銷售額增長了 18%（從 133.2 萬歐元提高到 156.7 萬歐元）。[5] 這些銷售數字讓許多產業羨慕不已。即使蠟燭更不方便、更不耐用、更貴、更危險，而且可能還不健康環保，即使在家庭經濟拮据、許多人買不起沒什麼用的懷舊奢侈品的年代，人們為什麼要買蠟燭？為什麼人們在蠟燭上的開支甚至比燈泡還要高？

蠟燭並不是無用的，也不是懷舊的，而是現代的、有意義的，人們喜愛它們。簡單地說，人們購買蠟燭的目的已經徹底改變了。現在，人們購買蠟燭，不是將蠟燭作為電力故障的備用品，也不是出於宗教原因，更不是因為它們的照明效果更好或更持久，這些用途已經沒有市場價值了。人們之所以購買這些東西，是因為他們在歡迎朋友或獨處時，可以在家裡營造一種溫馨感。

根據美國蠟燭協會的資料，十分之九的蠟燭使用者說，他們用蠟燭在房間裡營造溫馨舒適的感覺。更具體地說，71% 的人用蠟燭來營造浪漫的氛圍；67.7% 的人認為蠟燭令人心情愉快；還有 54.4% 的人用蠟燭來緩解壓力。他們也不會把蠟燭忘在某個偏僻的抽屜角落，大多數美國消費者會在購買蠟燭的一週內把它用掉。

當然，當前市場上流行的蠟燭與我母親在山區房子裡使用的蠟燭有很大的不同。新的目的（情感上的溫馨）需要新的解決方案。如果更仔細地觀察前面提到的這些數字我們就會發現，傳統的簡單蠟燭，如還願蠟燭，可能只要 50 美分，但其銷售情況並不樂觀。另外，做工精緻的高價位蠟燭市場的銷售額則在大幅飆升。現在人們可能會購買粗柱狀或罐裝蠟燭，價格從 30 美元到 200 美元不等。購買的主要目的不是照明或耐用，也不是安全或方便，而是香味。香味是到目前為止購買蠟燭的最重要原因，有四分之三的買家認為它「極其重要」或「非常重要」。

這種新趨勢對該產業的企業產生了巨大的影響；有好的，也有壞的。一方面，許多現存的傳統企業未能完全抓住市場的轉變。我們不妨以英國皇室御用蠟燭供應商普萊斯蠟燭（Price's Candles）為例。普萊斯蠟燭於 1830 年創立於倫敦附近。在 20 世紀初，它是世界上最大的蠟燭製造商。2001 年，在新型香氛產品引起蠟燭市場大幅擴張之際，普萊斯蠟燭卻申請了破產保護。另一方面，其他企業，尤其是新創企業，則獲得了蓬勃發展。揚基蠟燭也許是其中最突出的例子。

在擁有數百年歷史的蠟燭製造業中，揚基蠟燭公司是一家新創企業。1970 年代，在美國麻薩諸塞州的南哈德利，一位替母親製作蠟燭的少年創建了這家公司，而這家公司迅速成長為主導市場的領導者。2012 年，揚基蠟燭佔據了高檔香氛蠟燭市場 44% 的銷售額，營業額高達 8.44 億美元。該公司在美國有 500 多家自有商店。2013 年，消費品製造商佳頓公司（Jarden）以 17.5 億美元的價格收購了揚基蠟燭。這是該公司迄今為止最大的一次收購。[6]

從傳統蠟燭製造商的角度來看，揚基蠟燭製作的蠟燭是沒有什麼意義的。製作這種蠟燭時通常會把蠟裝在厚罐子裡，並用超大的標籤將其整個蓋住。因此，火焰經常被遮擋而不可見——這絕對不是照明設備的最佳解決方案。然而，這種蠟燭的獨特之處是香味。產品包裝的大標籤上明確地標示了這一特徵。揚基蠟燭有 150 多種香味，從傳統的花香和水果香味（如茉莉花香型或蘋果香型）、渲染情緒和烘托氣氛方面的香味（如仲夏之願香型或沙灘漫步香型），到針對男性大膽冒險嗜好的香味（如培根香型和割草機香型）。

我一直對蠟燭產業的創新動態深感興趣。這可能是因為過去三年我在斯堪地納維亞度過的時光，那時，我開始欣賞蠟燭在北歐文化中具有的情感價值。北歐人習慣在漫長寒夜擺放蠟燭營造溫馨的氣氛。這也許是因為我對蠟燭如何在更南方的國家（如南歐和美國南部）擴散很感興趣，在炎熱的天氣裡，人們更注重氣味，而不是光亮。而最重要的原因是，我對這個產業如何透過多種成功方法來適應市場的演變印象深刻。有的企業即使長期以來積累了一些經驗，卻一直在努力解讀人們生活中發生的事情。而另一些企業則用大家喜愛的產品回饋人們。當然，蠟燭產業的變化可作為一個清楚、簡單的例子，完美地說明了其他許多產業以及整個社會正在發生的事情。因此，我們就用蠟燭產業的簡單例子來介紹一個框架。這個框架有助於我們理解為什麼人們會愛上有意義的產品。然後，我們可以把這個框架應用到其他更複雜的情況中。

意義的初始框架

圖 2-1 是我們的初始框架。它體現了一種基本概念：人們尋求意義。人們無論何時採取行動，也無論何時何事，背後總會存在某種意義。

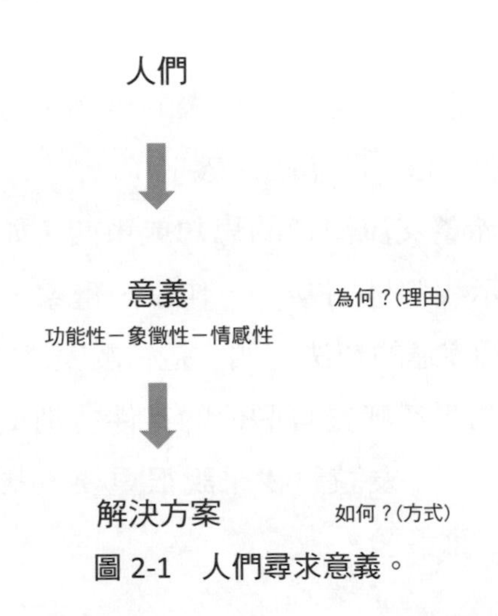

圖 2-1　人們尋求意義。

這裡的「意義」指的是人們力圖達成的**目的**：**為何**他們要做這件事。為了達成這一目的，他們可能會採用解決方案（產品或服務），即他們**如何**做這件事。例如，我在媽媽山區的房子裡點燃了一根蠟燭（解決方案），**因為**在停電的時候，我想照亮房間。照亮房間就是我的目的。三十年後，我媽媽在餐桌上放了一支蠟燭，**因為**她想營造溫馨的氛圍來歡迎我，而歡迎則是新的目的、新的意義。

雖然這一初始框架似乎很簡單，但實際上它體現了概念、定義、理論、思考、辯論和未解決的問題等多種層次，特別是與「意義是什麼」聯繫起來。我們將不在這裡深入討論這個問題不是因為它無關緊要，而是因為我們會甲圖 2-1 所示的框架進行闡釋，這些內容是本書的精華。首先，讓我們先釐清圖 2-1 框架中的「意義」究竟所指為何。

根據英語詞典，「意義」至少有以下三種主要的含義：[7]

一、聲音、詞語、符號所代表的事物、思想或感覺（如「『友誼』這一詞語的意義」）；

二、某人希望交流溝通的思想或東西（如「送你這個禮物表示我們是朋友」），作家、畫家、音樂家在作品中力圖表達的想法（如「這首歌表達的是友誼」）；

三、使你的生活感覺有價值的某件特別重要或有**目的**的事件（如「友誼對我來說很重要，友誼為我的生活賦予了意義」）。

這些含義彼此緊密相關，也都適用於我們的框架。但是第三個含義以意義為目的，而這是本書的主要焦點。

我們來看一看蠟燭這個例子。第一個含義與稱之為「蠟燭」的物體所具有的意義有關。我們可用特徵來詮釋蠟燭，例如，由蠟包圍的、能夠產生可見火焰的燈芯。在某種意義上，物體和產品透過一種語言和我們「對話」。在實際情況中，設計師經常把這稱之為「產品語言」，例如，由產品的外形、顏色或材質所決定的「產品語言」。同時，產品語言當然可以是創新的主題。揚基蠟燭因其奇特的語言使我們驚喜。

即使實際上它的語言並不符合我們既有的期待：燈芯是看不見的，它隱藏在遮住火焰的巨大標籤後面。但這新的語言，特別是表示香味的特大號標籤，卻充分體現了揚基蠟燭的全新目的：創造芳香的環境。雖然我們會從意義上考慮這一符號學的視角（如事物的語言），但這不是我們框架的核心。實際上，產品語言更多地涉及「如何」而不是「為何」。[8]

「意義」的第二個含義與一個人想要透過行為或人工製品表達的東西有關。我媽媽用蠟燭迎接我表達了什麼意義？這裡的焦點在於交流和詮釋。這個含義在我的思考中發揮了重要的作用（每個產品確實都會帶來某些資訊，而每個意義最終都要被闡述出來，闡述的力量則取決於如何進行交流與詮釋）。[9]

但我們的框架則明確地指向「意義」的第三個含義，「使你的生活感覺有**價值**的某件特別重要或有**目的**的事情」。換句話說，這一框架關注**為何**人們要做某件事及其價值。人們購買揚基蠟燭是**因為**他們想在舒適溫馨的環境中歡迎朋友，並使自己有個好心情。對他們來說，這比在燈光明亮的房間裡歡迎朋友更有**價值**。

當我們說「人們尋求意義」，我們是在明確地指出這個事實：如今，在如何做之前，人們首先關注的是「為何」做。在他們決定買什麼車之前，他們會先問：為什麼要買車、是否需要車。事物的目的是不明確的，因而需要坦誠地討論、思考、詮釋，和創新。

意義一般可以同時存在三種目的：表達事物實際效用的**功能性**意義（我點燃了一支蠟燭，因為我想用它的香味蓋住從廚房飄來的難聞煙味）；表達行為如何讓我們向他人傳遞資訊的**象徵性**意義（我點燃了一根蠟燭，因為我想展現我關心來訪者）；表達我們自己行為價值的**情感性**意義（我點燃了一根蠟燭，因為它讓我想起了耶誕節或它的香味讓我感到愉悅）。

日常生活中的意義

現在我們已經清楚了何謂意義：它是目的，也是人們做事情的**原因**。但我們仍需要考慮這個概念（作為目的的意義）的豐富性和模糊性。人類探尋生活意義的思考，特別是從哲學的角度，已經進行了好幾個世紀。時至今日，這一主題仍在被廣泛地討論（足夠幸運）。本書即根植於如今人們探尋**日常生活**意義的洞見。換句話說，在我們的社會中，生活意義的問題已經超越了書本、文章和課堂，進入了每個人的日常生活。在過去，基本上有兩類人每天都會問這個問題：青少年和哲學家。我曾與高中好友在壁爐前談論宗教、我們從哪裡來、我們要往哪裡去、生活目的之類的問題，談論了整整幾個晚上。我們的父母及祖輩在青少年時期也討論過同樣的問題。與過去不同的是，如今人們直到成年仍想知道生活的意義（可能不是在壁爐前與朋友互動，而是在臉書上發格言警句）。在快速變化的多元社會中，他們可能會找到不甚確定的暫時答案。而祖輩們則會在他們成人以後找到答案，並且會找到一個變化不大的方向。在明確、穩定的傳統文化中，人們更容易確定方向。正如貝瑞·史瓦茲所指出的那樣，他們可以在不需要挑戰問題的情況下慢慢地關注解決方案。

在過去，只有哲學家質疑、挑戰傳統文化，並在用合適的理論工具培養、促進可貴的辯論方面扮演重要角色，但現在，探尋生活意義是**每個**一般人的主題。[10] 它已經融入了我們的日常行為中。不僅融入了生活中的重大抉擇，也融入了最平常的選擇之中，例如，買車或點蠟燭。它影響了我們購買或使用產品和服務的方式。在任何細瑣的行為背後總會存在一個意義，而且會一直存在。不同之處是，人們現在已經準備好（並有意願）去重新考慮意義。[11]

我們在本書中不打算分析研究有關生活意義的各種不同理論。我們提出的分析框架重點在於，如今人們會在平凡的日常行為中尋找意義。這是**日常生活**的意義，由人們自己找到了它。

如今新的意義為何很重要

我們現在已經知道尋求意義的行為早已有之。人們總在尋找意義。但在過去，我們在創造產品和管理企業時，可以不必過於關注這個面向，尤其是在制定創新框架時根本可以將其忽略。那麼，為什麼**如今**意義變得很重要？在思考創新的時候，我們為什麼必須關注意義？為什麼意義是人們日常生活中的主角？為什麼人們發現了**新的**意義後，會比過去更加興奮？有三個論點：富裕、機會和變化。

◎富裕？

問這個問題的時候，通常我得到的答案是，因為我們生活在富裕的社會中。意思是如今人們的基本需求得到了滿足（特別是在西方社會）。當人們變得更富有，他們會想自己為什麼要購買和使用某件東西。這一詮釋運用了著名的馬斯洛需求層次理論：[12] 只有當更基本的需求（如生理或安全需求）得到了滿足，更高層次的需求（如愛、尊重、自我實現的需求）才會顯得迫切和重要。

這一假設乍看似乎合理，但實際上，這並非我們對意義的興趣日益增強最強而有力的驅動力。幾個月以前，一位去緬甸旅遊的朋友送了我一張高架屋的照片。照片上的家庭看起來並不富有，至少在西方的標準如此。然而，房屋的裝潢非常漂亮，卻沒有實用性的功能。為什麼？為什麼他們會在這些富有創意的裝潢上花費時間和資源？即便他們的基本需求並沒有得到滿足，但為什麼他們要滿足馬斯洛理論中更高層次的需求？答案是，正如幾千年前我們的祖先裝飾居住的洞穴所表明的，即使不能充分滿足財富或基本需求，人類還是會有對舞蹈、歌曲、愛和尋求意義的強烈需求。在此，我把這一論點倒置一下。無須考慮是否富有，關注意義而非解決方案是解決全世界人們需求的最好方式，特別是對處於所謂的「金字塔底端」的人們而言。[13] 因為無論身在何處，人們都在尋求意義。

◎機會與身分的創造

在《只想買條牛仔褲：選擇的弔詭》（*The Paradox of Choice*）一書中，貝瑞．史瓦茲提出了一個更具說服力的假設。[14] 史瓦茲認為，我們生活在一個充滿機會的社會。他沒有強調富裕，而是強調了多樣性和不確定性。例如，我們在普通超市購買曲奇餅會面臨幾百種選擇。機會數量越多，選擇就越不確定。「我們的身分現在已經變成了一個需要選擇的問題，」史瓦茲說道，「我們不能繼承身分，我們要創造身分。我們必須經常根據自己的喜好重新改造自己。」值得注意的是，他的結論與馬斯洛的理論有很大的區別。馬斯洛認為，人們尋求意義，是因為低層次的需求已經得到了滿足。而在他看來，更多的（個人、專業和物質方面的）機會會削弱幸福。「我相信現代許多美國人都感覺越來越不滿足，即使在他們選擇的自由不斷增加的情況下。」史瓦茲寫道，並且解釋了為什麼機會越多，一個人越容易迷失：無窮的選擇會給我們一種因為錯過機會而產生的懊悔感，它把失敗的責任全部歸咎於我們自身，它提高了我們的期望。無窮的選擇導致的是麻痹，而不是自由。「日益增多的選擇實際上可能會加劇最近嚴重影響西方世界的臨床抑鬱症的流行。」[15]

不幸的是，企業經常忽視史瓦茲的深刻洞見，即使不能增加意義，它們也要投資增加更多樣的選擇。我們做了一項研究，分析義大利傢俱產業的產品選擇，發現最不成功的企業比領頭的企業提供更豐富多樣的產品。而最成功的企業則會聚焦身分，為人們提出明確的願景。[16] 你可能也會有選擇手機或電腦的需要。最近我瀏覽了 Nokia 行動裝置的網站（實際上這是微軟的網站，因為這位「西雅圖巨人」於 2013 年收購了深陷困境的 Nokia 的行動業務），該網站有 70 種手機在販售（我沒有把不同顏色和記憶體擴充考慮在內，因為如果把這些都算上，就會有幾百種選擇），而蘋果網站只有 4 種手機類型。當然，不用猜也知道哪個是人們喜愛的產品（所以你可以想像我的沮喪——就在賈伯斯去世後不久，蘋果公司推出了各種顏色的 iPhone 5C）。增加產品的多樣性不一定是錯誤的，但也不一定就是正確的。不幸的是，許多企業相信：選擇越多越好，你得假設人們知道他們想要什麼，而你必須滿足他們。實際上，人們並不確切地知道自己想要的是什麼，而且，即使他們知道，也總會反覆考慮和反覆協商，始終處於探尋產品的過程中。把更多無意義的東西放在貨架上，並不一定會使這種探尋更有效。

當然，我們不希望減少世界上的選擇機會。無論如何，機會的增加都是一種長期趨勢，也是社會進步的必然標記。雖然我們不能（可能也不應該）阻止這一趨勢，但我們可以更深入地理解它的發展情況，用一種更好的方式去接受它。從千禧世代（或稱之為「我我我世代」）身上也許可以更清晰地看到這種發展趨勢。正如喬爾·史坦（Joel Stein）在《時代週刊》的一篇封面文章中提到的那樣，千禧世代是非常以自我為中心的一代。[17] 顯而易見，千禧世代的主要工作就是建立一個過度自戀的身分。而在現實中，現在的成年人並沒有太大的不同（臉書是一個重要的身分創建平台，成年人使用臉書的程度遠比青少年更高）。我們在個人聯繫、生活方式、信念和規範方面獲取的選擇越多，創建身分的需求就越大。在制度文化和傳統文化日益變得薄弱的情況下，它們對解決混亂困惑不再有什麼幫助，身分也不再是與生俱來的。身分不能從外界借來，每個人都必須自己去**創造**或**建立**它。「做什麼？如何做？成為誰？對生活在後現代環境中的每個人來說，這些都是關鍵問題，」社會學家安東尼·紀登斯（Anthony Giddens）寫道，「在某種程度上，我們對這些問題的所有答案，如果不是推斷出來的，就是透過日常的社會行為得出的。這些都是現存的問題。」[18]

現在總結我們對第二個環境變化的思考：在人們的生活中有更多的選擇，無論好壞，都改變了價值的來源。在多樣性程度較低的環境，我們面臨的挑戰是創造更多的解決方案，創造更多的「如何」（方式）。而在有更多選擇的環境，我們面臨的挑戰是找到正確的方向，找到正確的「為何」（原因）。因此，探求意義是很重要的。

◎變化

至此，我們一直在談論意義。更確切地說，我們的觀點是人們會因發現**新的**意義而感到興奮。這導致意義的變化成了我們研究創新的關鍵。說實話，在人類歷史上，意義總是在變化。人們一直都在與時俱進地尋找事物的意義。然而在過去，意義的變化較緩慢、罕見。「緩慢」意味著企業有時間做出反應，觀察顧客對事物意義的變化：意義緩慢地形成需求，需求促成行為。我們可以透過顧客分析技術來觀察這些過程。另外，「罕見」意味著在意義發生變化並提供新產品來滿足顧客新需求之後，可以在長達數年的時間裡透過提高性能的方式來進行競爭。

如今，意義創新持續不斷且快速地進行。人們對意義的追求永無止境。它也許會週期性地減速，然後又會突然加速；持續變化的原因可能是外源性的（例如，生活中我們無法控制的事情——我們的生活伴侶在另一個城市找到了一份工作），或自發性的（我們**想**找到新的意義）。事實上，就像社會學家齊格蒙·包曼（Zygmunt Bauman）所說的，人們對變革和發現有著潛在的渴望。包曼用「流動的現代性」的比喻來形容這種持續不穩定的狀態。在這種狀態下，人們從一種狀態流向另一種狀態，就像流體一樣。[19] 從我們的框架來看，這意味著人們並非簡單地尋找意義，而是在**不斷地**尋找**新的**意義。人們在不斷地改變意義，並**總是**樂於接受新的詮釋。「問題的關注點，」包曼說，「已經從『方式』轉移到『目的』了。」[20]

意義和解決方案

上面描述的背景，以及一些開明的社會學家、哲學家和心理學家已經提前強而有力地捕捉到的發展趨勢，對人們如何與產品和服務進行互動有著強烈的影響。

一直以來，人們是以默默追求**新的意義**作為其行為的中心，人們會因在這一追求中得到支持而感到高興。這包括對人們日常追求新意義做出貢獻的組織，不管它們是否意識到這一點。組織透過提出新願景（其他作者可能稱之為價值主張或價值創新，這取決於不同的框架）來解決這一問題。例如，揚基蠟燭提供了這個新願景：蠟燭用香味讓你的感覺更好。對想在歡迎回家的儀式中找到意義的人來說，這是個令人愉快的建議。換句話說，願景是給方向或原因的建議。它是組織對「什麼對人們有意義」或「人們會喜歡什麼」的詮釋。願景展現了組織看到路徑、在充滿機會的複雜環境中發現意義和勾勒有意義的場景的能力。[21]

而解決方案則是這一願景的體現。它關注組織如何提供產品和服務，以使人們可能朝有意義的方向前進。一個帶有「沙灘漫步香型」的大罐子是揚基蠟燭對那些在夏威夷旅行後歡迎訪客的人的方案。它在一個很大的標籤上展示香味特徵，而不是產生可見的火焰，因為發散香氣是這種蠟燭／解決方案的目的。總的來說，解決方案可能是產品、服務、過程，或整個商業模式及系統（如蘋果手機和相關的應用商店）。

意義創新

就像解決方案一樣，人們構思設計的有意義願景多得數不勝數。事實上，創建新的願景、新的方向意味著理解事物，而理解事物正是設計的目的。[22]

意義創新是企業為解決人們尋求新意義的需求，並使之愛上它們所做的事情。需要新解決方案的人購買新的產品；尋找新意義的人購買新的詮釋、新的願景。

◎透過創新找到新的意義

具體而言，創新可用兩種方式促進人們對新意義的探求。

- 一方面，它可以促成有意義的新**方向**（即**拓展**了機會空間）。例如，我們可以思考 2005 年前後的手機市場。當時，很多創新旨在提供手機的新用途，就像可以拍照的照相手機（如 Nokia N8 系列手機）、可以充當音樂播放機的音樂手機（如 Motorola 的 Rokr 是第一台整合了蘋果 iTunes 的手機）、可以寫電子郵件的商務手機（如黑莓機）。
- 另一方面，它可以提供**更清晰的詮釋**，有助於理解非常複雜的情況（即它**清除**了多餘的機會）。例如，蘋果公司替作為個人設備的智慧手機提供了一個強而有力的新願景，最終成了市場上的主導性詮釋。[23]

◎意義創新的本質

在本質上，意義創新和解決方案創新截然不同，如表 2-1 所示。

表2-1　解決方案創新和意義創新的差異

解決方案創新	意義創新
如何（行為）	為何（原因）
答案（需求）	發現（建議）
消極（問題）	積極（禮物）
使用者（使用）	人們（生活）
性能競爭（更好）	價值競爭（有意義）

- 解決方案創新創造了一種新的方式（如何），但沒有改變原因（為何）。它甚至強化了現有的原因。例如，研製會產生更明亮火焰的燈芯意味強化了蠟燭作為照明工具的概念。意義創新仍然由新的解決方案（如產品、服務、品牌和商業模式等，而最有可能的方案是以上這些的組合）構成，但這些方案都有一個新的原因（為何），有一個人們使用它的新目的，這體現了一種新的意義。
- 解決方案創新是**答案**，它假設人們有**需求**（例如，它假設人們需要更耐用的蠟燭）。企業必須理解這一需求，並設計答案。而意義創新則假設人們只有研究、探索、明確領域的需求，沒有其他明確的需求。意義創新是我們向人們提出解決他們這種「尋求意義」需求的**建議**。當顧客看到意義創新，他們**發現**了一種新的可能性（例如，我發現了一種讓來訪的朋友感覺更好的方式：點亮芳香四溢的揚基蠟燭）。

- 解決方案創新解決了**消極**的問題：它假設人們有**問題**要解決。意義創新則提供了**積極**的東西：它假設人們並不總是考慮問題，並且如果他們考慮問題，就是在質疑問題。人們所尋求的是價值、財富和機會。蠟燭不能解決我們房間的照明問題，但它給了我們積極的新機會，它促使我們將朋友及我們自己聯繫起來。意義創新通常會以一種**禮物**的形式出現：人們沒有期待什麼，但一旦看到它，就會愛上它。[24]
- 解決方案創新解決了如何（方式）的問題，因此側重於那些使用方案的**使用者**。而意義創新的層次更高，如表 2-1 所示：它解決了為何（原因）的問題，它不涉及使用者，涉及的是**人**。它沒有把焦點局限於**使用**（例如，人們如何點燃蠟燭的燈芯），而涉及**生活**的原因（為什麼讓來訪的朋友處於溫馨舒適的氛圍中，我們就會感覺良好）。這就是為什麼意義創新有更高的顛覆性潛力，超越了現有使用者和產品類別。
- 解決方案創新的價值可以用性能的尺度來衡量。它旨在改善事物（例如，增加蠟燭火焰的亮度）。而意義創新重新定義了性能的衡量尺度，它重新定義了什麼是對人們有價值的東西。它不能用某一尺度（有更明亮的火焰或香味更濃的房間）來衡量，因為它**改變**了衡量尺度。它帶來了價值新的、真正的內涵：對人的**價值**。

這兩種創新都是重要的。人們需要更好地解決現有的問題，也需要新的機會和可能性。人們有需求和夢想，無論它們是消極的還是積極的。企業更是需要這兩種創新，既需要採用新的解決方案來改善現有的，也需要新的意義來徹底改變市場現狀。事實上，在創造了新的意義之後，必須進行一系列的解決方案改進，來不斷強化新的方向。因此，揚基蠟燭在提出了透過蠟燭歡迎朋友的意義之後，又提出了一系列密集的解決方案以實現這一願景。這些解決方案包括從新的香味種類到新的款式、從定制包裝到配件、從新材料到新環境中的應用（如適合汽車和小空間的香味）。

當然，解決方案創新遠比意義創新頻繁。然而，我們的世界發生了顯著的變化，意義創新已不再罕見。正如前文所述，意義創新正在持續不斷地發生。就在此刻，當你正在讀這本書的時候，或許就有一些組織正在研究新的解決方案。當然，也會有組織研究新的意義。與解決方案不同的是，為了徹底顛覆競爭狀況，我們不需要好幾個有意義的願景，一個就足夠了。

◎為什麼人們會愛上有意義的新願景

現在，我們再回過頭來看看「愛」。也許現在我們更清楚了，為什麼使人們愛上的東西不是新的解決方案，而是有意義的新願景。[25]

因為我們愛上了有新意義的東西，愛上了意想不到的東西，愛上了自己無法獨自創造的東西，愛上了我們只有看到之後才會愛上的東西。我們不會愛上自己已經了解的東西，不會愛上意料之內的東西（這些東西我們自己就可以製作或購買，直到我們買其他的東西）。

因為我們愛上的是積極而不是消極。愛上的是禮物，而不是問題的答案（心理學家才會愛它）。即使你可能採用最佳方式解決了問題，然後呢？愛不會以這種方式產生，愛追求的是世界上美好的東西。

因為我們愛上了對我們有意義的東西，而不是具有更好的標準性能的東西。你不能用其他人的尺度衡量自己的愛，甚至不能用尺度衡量愛。承諾更好性能的人為追求更好性能而默默奮鬥，付出了很多努力，他們注定孤獨。在愛一些有意義和有價值的東西的時候，我們不會考慮性能（我們甚至樂意原諒某些方面的不完美）。

因為我們會在考慮人而不是使用者的時候，墜入愛河。

還有……無盡的愛？在一個變化的世界裡，無盡的愛，只會伴隨**變化**而來。所以，我們要談論**新的**意義。愛是一段共同的旅程：即使意義改變了，無盡的愛依然天長地久。

第三章

增強企業競爭力：對企業的價值

Competing through Meaning: The Value for Businesses

「是的，但是……」

這可能是你讀完第二章後的反應。假設一下我們對話的情景：我們在沙發上坐著，彼此靠近，你聽完我對意義的思考後，喝了一小口熱巧克力（也或許是你喜歡的其他飲料）。

「是的，蠟燭的故事很棒，我挺欣賞其中的情節和框架的。」

「謝謝。」我感激地回答。

「這些都是關於愛的思考，」你可能會補充說，「你是義大利人，你們喜歡為愛而愛，為美而美……」

我會微笑著說：「那是一種刻板印象。不過，說得好，我接受你的評價。愛很重要，但也很精緻脆弱，我們不能褻瀆愛。」

「而且這是你母親的故事，但母親並不是這個世界上唯一的購物者。」

「拜託，不要把我母親扯進來。我警告你。別忘了，我可是義大利人。」我開始緊張起來。

「但你在前一章提到了她。」你可能會這樣回答。

「我再說一次：別再說了。你能告訴我你在擔心什麼嗎？」

然後你會說：「是的，我喜歡這些故事，對蠟燭與愛來說，可能確實是這樣的，但是……這跟**企業**有什麼關係？我指的是那些普通的東西，如利潤、成長、創造工作職務、競爭和財富等。除了蠟燭，**其他**產業也適用嗎？這又跟**我的**企業有什麼關係呢？」

你又提到這件事，這是第三次了……這些是我還沒有講的重要問題，前一章確實是從人（那些尋求意義的人）的角度討論了意義的價值。在這一章，我們會從商業和組織的角度思考那些提出新願景的人。

我們將從你的第一個問題開始：意義創新如何創造**企業**價值？為什麼其與當前的競爭**息息相關**？尤其是，**何時**相關？產生新意義的環境因素是什麼？它可能會在什麼時候發生？（即在某個產業裡，什麼時候由你而不是由競爭對手提出的新願景會成功？）

在這一討論中，我們將介紹意義創新的新例子，這也會幫助你解決第二個問題——任何產業都會有意義創新嗎？本章，我們還會引用各行各業的企業案例（涉及產品和服務、消費和產業市場、營利和非營利組織）。為使你更快地了解廣泛的案例內容及背景，我們會把這些案例概要放在附錄，希望其有涵蓋與你業務相近的領域。讀了這一章之後，我們希望能夠解決你的疑惑——是否有什麼產業、企業或環境不需要意義創新。

最後，這一章旨在幫助你更好地理解，為什麼**今日**你所在的產業迫切需要意義創新？為什麼一定會有競爭者在進行這方面的創新？以及，為什麼你不想落伍？

在充滿創意的世界中，價值體現在何處

市場規則有時候非常簡單。只要同時滿足以下兩個條件，

價值便會存在：需求旺盛、供給缺乏。最珍貴的東西，就是需求量巨大、卻難以找到的東西。

毫無疑問地，近年來對創新的需求已經達到頂峰，並且一直延續至今。不僅是對解決方案創新的需求達到頂峰，而且正如上一章所介紹的，對意義創新的需求也很旺盛。但是，這兩種創新的供給是完全不同的。新的解決方案的供給並不短缺，但新的意義則是稀缺的。

創新研究十多年來一直都在要求企業創造更多的創意。在這種情況下，提出新的解決方案並不缺乏的說法，不僅唐突，而且近乎公然挑釁。但我確實是這麼認為，這也充分反映了其正面的結果：十多年的研究和創意激勵最終產生了影響。如今，新的解決方案供應充足。

例如，我們不妨來思考一下，因英國石油公司深水地平線（Deepwater Horizon）鑽井平台油氣外漏而產生的創意數量。2010 年 4 月 20 日，爆炸摧毀了英國石油公司位於墨西哥灣的鑽機設備，奪走了 11 條人命，引發了一系列事件，造成了鑽探史上最大規模的海洋石油外漏。由於英國石油公司早期應對漏油舉措的成效相當讓人失望，美國聯邦政府和英國石油公司孤注一擲，建立了深水地平線應對網站，旨在集思廣益，收集應對創意。在短短幾周之內，全球各地的科學家、工程師和企業家，甚至好萊塢明星，如史嘉蕾．喬韓森（Scarlett Johansson）等，一共提供了兩萬多個創意。[1]

由此可見，解決問題的創意不是如今最缺乏的東西。事實上，在我們社會中，如果要說有什麼不難找的東西，就是創意。首先，在我們生活的社會中，超過 30% 的勞動力屬於創意階層，所以，正如理查・佛羅里達（Richard Florida）於 2013 年在《創意新貴：啟動新新經濟的菁英勢力》（*The Rise of the Creative Class*）一書中所提及的，創造創意有巨大的潛力。其次，網際網路讓我們更容易獲取分散的創意。深水地平線應對網站就是群眾外包和開放式創新方面的例子。Linux 作業系統的核心是由 10000 多名軟體發展者共同開發出來的，而這是 1990 年代軟體發展領域的開源運動宣導的方法。[2] 現在，每個人都可以利用創造性人群去製造出大量的創意。事實上，全球有 1000 多個創意市場，組織可以提出自己的問題，並從創新社群中獲取解決方案。在工程和科學領域，最知名的創意市場可能是創新中心網站（Innocentive）。該網站有 30 多萬名提供解決方案的社群成員。在設計和交流溝通領域，如果你在設計邦（Designboom）發一則創意競賽，一般可以收回 3000 到 6000 個創意。

如今，企業利用外部人員創造性的機制也適用於組織內部。2005 年，IBM 利用腦力大激蕩（Jam）方法動員了 15 萬名員工參與企業內部網絡的線上腦力激盪，僅僅三天就產生了幾十萬個創意。雖然並不是所有的企業都會投入如此巨大的努力來創造創意，但是近年來，大多數企業已經建立程式機制，邀請員工產生創意。過去五年，我打過交道的企業中，很少會有人告訴我，他們沒有進行過創造性腦力激盪會議。

現在，從組織外部或內部獲取創意已經日益簡單和廉價。我並不是說新解決方案方面的創意無關緊要，新的解決方案當然是重要和必要的，但也很充裕、很容易獲取、很難對競爭產生什麼影響。多創造一個創意肯定不會增添什麼額外的價值。[3]

真正缺乏的是創造願景的能力，在大量的選擇中看到有意義方向的能力。實際上，創意和意義直接相關：我們社會產生的創意越多，理解複雜性和提出新意義這種真正重要的能力就越強大。這一章我們涉及的例子，特別是在最後一節所闡述的幾個產業的創新例子將表明：雖然每個企業都在持續產生新的解決方案，但只有其中幾個能夠產生新的意義，而後者將會成為市場中的贏家。

是什麼因素驅動他們產生新的意義？要理解意義創新的時機需要考慮四個面向（如表 3-1 所示）：人們、競爭、技術、組織。接下來，我們將對此進行詳細分析。

表3-1　意義創新何時發揮重要性

	驅動因素	捫心自問的問題	意義創新的成果
人	**市場與人們生錯位** 人們的生活改變了，但產業仍停留在舊的解釋中	人們的生活改變了嗎？無論如何進行持續創新，客戶都對我們的產品沒有感情嗎	新的一致 抓住人們真正探詢的東西（潛在願望）
競爭	**競爭未差異化** 所有競爭者都關注相同的性能	行業上一次意義創新是什麼時候？行業在相同的性能競爭上競爭了多久？	新的興奮因素 擺脫競爭
技術	**技術替代的侷限** 出現新技術，但直到現在它只是通過改進現有性能來替代原來的產品	出現新技術了嗎	技術的意義現身 獲取新科技未開發的價值
組織	**組織在轉型中** **迷失／失焦** 組織迷失了目標或提供了太多的意義	產品的意義是什麼？多久之前你明確地懷疑過它？有新的關鍵人物加入組織嗎	關注點 給客戶提供方向和精確的價值，並建勵組織

市場與人們生活的錯位

2015年，喬爾・史坦在《時代週刊》發表了新共用經濟方面的文章，標題是〈某個法國人租用我的車〉（Some French Guy Has My Car）。[4] 他認為，現在人們更喜歡租用而不是購買東西。以交通為例，汽車行業仍然停留在人們想擁有汽車的陳舊迷思中，但這種情況已經發生了巨大的變化。為什麼現在一定要擁有汽車？在西方國家，80%的人居住在市區，大眾運輸是更好的選擇。[5] 或者，人們會從一個城市飛到另一個城市，所以他們的汽車大部分時間都是閒置的。人們必須開車到某個地方時，汽車的大多數座位仍然是空著的。那麼，在這種低利用率的情況下，花費代價去買車、保險、維修、租（購）在家或工作單位的停車位，值得嗎？

與此同時，人們的生活中出現了新的情況：一方面，有了手機，他們就能在需要的時候和需要的地方立即搭乘或租用當下需要的某類汽車；另一方面，許多人對利用尚未充分利用的汽車、停車位及單獨閒逛的時間來增加收入，產生了興趣。

但大多數汽車製造商還停留在人們想擁有汽車的願景中，沒有認識到人們的生活和想望已經發生了變化。他們還在為賣更多的汽車而激烈競爭，結果就是銷量依然沒有起色，盈利能力依然低下。[6] 而其他企業則抓住了對人們有意義的東西的轉變，並提出了新的願景：設法共用別人的汽車。舉一個關於業務不斷增長的汽車共享服務的例子—Zipcar：透過行動應用軟體，立刻就能找到附近可用的汽車，並以極低的價格短程租用，而且可以停在方便的地方。人們還可以很方便地搭乘優步社群的汽車。如果是要出城進行一趟長時間的旅行，人們可以利用 BlaBlaCar 與有空座位的司機聯繫。另外，如果需要租用的時間更長，人們可以透過 RelayRides 借用車輛。RelayRides 是點對點共用汽車服務平台，專門提供長期租賃服務。

意義創新的第一個主要驅動因素是**市場與人們生活的錯位**。社會正快速變化著。通常，現有企業不能及時捕捉這些變化。它們繼續投資開發更好的解決方案，但它們的創新仍然基於過時的意義詮釋。因此，產業的創新軌跡**偏離**了人們的生活軌跡。通常這種錯位是無法表達的。事實上，顧客無法清楚表達他們的想望是什麼，因為市場上還沒有其他選擇（行銷領域經常討論這種**潛在需求**）。他們只是普遍感覺不適，覺得現有的產品沒有真正的意義。當某家企業解決了錯位，並提出了更能適應新情況的新建議時，顧客就會與新意義一見鍾情。舊的意義最終會徹底過時，人們會轉向新的意義。

就汽車產業而言，儘管存在產業危機，但解決了擁有汽車和體驗行動需求之間的錯位的企業創造了非凡的業績。2013 年，安維斯（Avis）以 5 億美元收購了 Zipcar。如今，優步已經增長了 49 億美元，BlaBlaCar 增長了 1.1 億美元，RelayRides 增長了 5200 萬美元。

其他幾家企業也透過抓住市場意義的變化，解決了人們生活軌跡與產業創新軌跡之間的偏離，而獲致類似的成功。

喬爾·史坦在《時代雜誌》發表的文章中提到了一長串的企業名單。這些企業都透過抓住共享經濟這種變化趨勢而獲得了巨大發展。在工業化國家，只有 20% 的人不同意下面這種說法——「即使沒有現在擁有的大多數東西，我依然可以幸福地生活」。[7] 為什麼？例如，頂級服裝和飾品很快就會過時，又通常只會穿戴幾次，我應該買這些東西嗎？當然是租用更合理。這會讓你每次看起來都不一樣，還可以根據特定場合和心情挑選最合適的款式。珍妮佛·海曼（Jennifer Hyman）是 Rent the Runway（共用衣櫥）時裝租賃公司的聯合創始人。這家公司採用共用衣櫥模式。海曼把頂級女裝租給 400 多萬會員。她說：「《慾望城市》中的凱莉炫耀，『看我衣櫃有多大，看我在鞋子上花了多少錢』。如今看來，這樣的文化觀點令人討厭。」[8] 還有其他的社會變化也支持「體驗」而不是「擁有的意義」，如手機之類的平台使我們無論在何時何地都能立即獲取需要的東西。事實上，人們生活在城市很方便共享；社會化的努力，使人們在進行租賃時有機會遇見新的人；經濟增長趨緩，造成家庭預算縮減；自由接案者的數量不斷增加，他們願意透過出租未充分利用的商品和時間來增加收入。同時，對創造可持續發展經濟的擔憂也在不斷增加。有些企業利用這種意義變化獲利。例如，Airbnb 幫助人們從普通人而不是旅館那裡，租用真正的家庭住房；ParkWhiz 幫助飛機乘客向陌生人租用空閒的停車位。又如，借貸俱樂部（Lending Club）提供眾籌和眾租服務，說明人們從普通人那裡而不是從銀行貸款；Yerdle 二手商品交換服務網站說明人們用不想要的東西換取積分，然後兌換其他使用者不需要的東西；太陽能公司（SolarCity）幫助家庭銷售剩餘的太陽能電力。它們不僅提供了更有意義的解決方案，還取得了巨大的商業成功：Airbnb 已從投資者那裡籌集了 7.95 億美元，ParkWhiz 籌集了 1200 萬美元，Yerdle 籌集了 1000 萬美元，借貸俱樂部籌集了 3.92 億美元，太陽能公司籌集了 10 億美元。

關於創造新意義的時機，我們要問的第一組問題是：市場狀況是否發生了重大變化？我們的顧客是否有不舒服的感覺？即使解決方案有了重大創新，他們是否還是越來越對該產業的產品不感興趣？有沒有細分市場開始採取新的行動？

競爭未差異化（普遍商品化）

你能夠讓企業在風險中生存嗎？完全可以！

如金融機構、依靠複雜資訊技術系統的製造工廠、涉及複雜法規的企業、大型建築企業，很多組織每天都在面臨大量風險。我們生活在一個犯錯機率很大的世界。尤其是像銀行這種大規模的組織，已專門任命風險管理人員來控制風險。很多年來，企業顧問會為這些組織提供專業的風險管理服務，他們的利潤是基於顧客對風險的恐懼。

大多數風險管理服務都是基於特定願景。首先，風險是需要避免的負面因素，或至少是需要被最小化的負面事件影響和可能性。其次，風險是關鍵因素，會影響組織實現戰略目標的能力。

在主流管理文化中，一直將風險視為負面因素，或至少是需要應對的挑戰。當然，風險也是商學院課程內容的一部分。許多課程（如戰略、創新等）中都有關於風險的討論，但涉及實際的方法和工具時，通常會在更具操作性的課程（例如，專案管理、財務或會計等）中對風險進行分析，設法減少負面事件發生的機會或減輕其影響。

2010年，澳洲勤業面臨重大挑戰，大家逐漸發現，風險管理主要與遵守規章制度和技術的完美功能相關。因此，風險服務成為專業服務行業的一種普遍商品。事實上，勤業的大多數競爭對手都在低端市場重新定位，透過創造更符合成本效益的解決方案來控制合規行為；而另一些競爭對手則放棄了產品，將風險服務納入了其他產品類別，比如保險。

勤業反其道而行：把「風險」從需要擔心的問題來源，轉變為**價值來源**。勤業的新願景是：不確定性是世界的內在特徵，那些能夠更加妥善地管理好風險的人，或許能夠抓住其他人無法獲取的寶貴機會。因此，2011年，勤業推出了新的風險服務系列，其口號是「了解風險的價值」，與傳統的合規做法一樣，它也為顧客組織的高層（如CEO和董事會）提供諮詢服務。透過將風險的意義從負面轉變為正面，勤業擺脫了普遍商品化的競爭。在三年內，它的風險服務收入增長了30%，而且由於提供了更高的價值，在市場中的大多數競爭對手都縮減規模時，其利潤率卻上升了80%。

勤業的案例揭示了意義創新的第二個主要驅動因素的定義：競爭未差異化。當一個產業一直長期關注同樣的意義

（例如，風險是需要避免的），這自然會趨向**普遍商品化**的狀態：競爭對手力圖透過提高性能或降低成本來為現有的意義提供更好的解決方案。然而，隨著時間的推移，隨著不斷改進，會出現自然飽和（即改進程度越來越小），使得競爭對手之間的差異變得微不足道（這一現象是由技術發展過程中的所謂 S 形曲線決定的）。在這種情況下，勝利者是在不同方向確定新的性能參數、遠離競爭的企業，例如，勤業把風險作為價值的來源。金偉燦和莫伯尼稱此為「藍海策略」：離開大量競爭對手提供商品的紅海，確定新的價值來源。蓋瑞．哈默爾（Gary Hamel）也將這一現象稱為「尋找白色無競爭空間」。[9] 在創新研究中，能夠有效描述這類創新的框架體系是狩野紀昭的狩野模型。該模型認為，產業內性能參數會隨時間變化，從興奮因素（delighters，即新的價值來源，在市場中發揮重大作用）變成線性參數（現有價值來源，大多數競爭對手爭取的更好的性能），再變為必備因素（必要的但不提供優勢的價值參數）。[10] 意義創新是確定新的**興奮**維度和進入無競爭藍海的最有效方法。

以波蘭傢俱製造商 Vox 為例，該公司最近發布了一系列新的臥室產品。臥室產品是過去幾十年來創新程度最低的家居產品領域。雖然，家居的其他領域（如廚房或浴室用具）最近進行了重大創新（利潤率顯著提高），但今日的臥室與六十年前的大同小異。然而，Vox 關注的是顧客人口結構特徵的重大變化，尤其是歐洲人口的高齡化。老年人絕大部分時間，甚至一整天，都待在臥室裡，尤其是在生病的時候。因此，臥室是他們生活中相當重要的一部分。為了避免普遍商品化，Vox 提出了一個新的願景：把臥室變成「生活型臥室」、變成家的中心，老人可在臥室和親戚朋友見面，並快樂地消磨時間，就像一般人通常在客廳做的那樣；也像青少年一樣，主要在自己的臥室活動。因此，Vox 研發了一種產品——配備通常放在客廳那種大書架的床。Vox 還在這種產品中留出空間擺放客人的鞋子，甚至設置了可以一起看電影的折疊螢幕。這種床的設計概念後來還吸引了年輕一代。年輕人會把這種床放到小公寓主要的開放空間。因為採取了這種新戰略，Vox 擴大了歐洲的業務，並顛覆了臥室產品的低利潤狀況。

關於創造新意義的時機，我們要問的第二組問題是：我們產業的主導意義上一次發生改變是在多久之前？令人興奮的新性能是多久以前提出的？現有意義上的競爭已達到飽和狀態了嗎？我們的產品和競爭對手的產品看起來越來越相似了嗎？利潤率在下降嗎？

技術的意義現身

飛利浦是世界著名的新技術開發領導者。過去，它曾推出過幾種突破性產品，如 1962 年推出的第一個卡式錄音帶、1972 年推出的第一台錄影機及雷射光碟。然而，技術進步帶來的利潤並沒有一直反映出企業的技術實力。其中一個主要原因是未能預見和獲取技術的真正價值。飛利浦的戰略通常是尋求**技術替代**。在這種戰略中，針對現有問題產生的新技術取代了原有技術，從而改進了產品性能。換句話說，企業沒有把技術視為解決人們探尋新意義的機會，而是在現有意義範圍內改進解決方案。這一戰略影響了技術的發展進程（例如，電信領域的技術從全球行動通訊系統到 3G，再發展到 4G）。技術替代戰略通常都是有效的，在絕大多數情況下，技術可以促成新行為和新體驗，比原來的細微改進更有意義，但也有很大程度的局限性。為了充分獲取技術的價值，企業應該探索技術如何促進意義的改變。

在 1990 年代，飛利浦啟動了一項新的技術發展戰略：運用研發的技術來產生新的意義體驗。為此，在探索新應用的過程中，飛利浦決定加大其設計中心——飛利浦設計部的介入力道。在 21 世紀初，飛利浦面臨大量環境技術（ambient technology）方面的機會。這些環境技術包括 LED 光源、環境和聲音控制技術、影像放映機，以及諸如射頻識別技術（RFID）之類的無線電頻率半導體。在這些機會面前，除了尋求替代（例如，設想利用 LED 取代球形燈泡，從而提供更好的照明），飛利浦還啟動了一系列由飛利浦設計部主導的專案，來探尋新的意義。「創意著眼於人們如何賦予事物意義，而不是簡單地把我們的技術推向市場。」史丹伐諾．馬沙諾（Stefano Marzano）如是說。當時，他是飛利浦設計部的首席執行長兼首席創意總監。在這些專案中，有個值得關注的領域，醫療保健。[11] 飛利浦當時已是頗具規模的醫療成像系統生產商，像 X 光、超音波、電腦斷層掃描技術和核磁共振成像之類的醫療成像系統，飛利浦都具備生產的能力。傳統上，放射科醫生一直在探尋透過利用有效的設備提高圖像品質和減少檢查時間。因此，成像產業的創新主要關注技術替代，開發能夠在更短的時間內獲取更多資料的設備。換句話說，創新支援這種意義，即圖像的品質取決於速度和功效。飛利浦本來就一直在引領高效設備的開發。它率先發布了電腦斷層掃描器，X 光管每旋轉一次就能獲取 256 幅圖像（大約十年前這個數字僅為 16），並將旋轉速度（機器抑制運動能力的指標，類似照相機的快門速度）提高至每轉 0.27 秒（超過十年前的每轉 0.5 秒）。但馬沙諾想探索的是環境技術能否改變「有效檢查」的意義。

這一專案產生了一個全新的系統：醫療保健環境體驗（AEH）系統。這一系統促使成像行業的意義產生了兩個重大的改變。首先，圖像的品質不僅取決於設備的功效，還取決於病人的壓力程度。例如，兒童在進行 CT 體檢時往往很焦慮，所以在大多數情況下得注射鎮靜劑，來減少其移動，而這又會影響他們的安全、增加檢查時間。更嚴重的是，病人的壓力程度不僅受體檢過程的影響，還受到體檢**前後**，尤其是在整個體檢過程中所處**環境**的影響。醫療保健環境體驗系統透過使用「環境技術」，像 LED 光源、動畫影片投影、無線射頻識別感測器、聲音控制系統和調光玻璃等，創造了更放鬆的環境氛圍。例如，在醫院房間裡，LED 溫馨柔和的照明使醫護人員和病人在生理和心理上產生放鬆的感覺。如果病人是個孩子，他可以在進醫院時選一個環境主題，像「水棲」或「自然」之類的，並會得到一個木偶。木偶上有無線射頻識別感測器，當病人走向體檢室時，可自動啟動主題，把放鬆的動畫、燈光及音訊整合起來。這一主題也可用於候診室，讓孩子在體檢中保持安靜：護士或許會放一段影片，並在影片中的人物角色潛入海水尋找珠寶的時候，要孩子屏住呼吸。在體檢時再按照同樣的順序把畫面投射出來，孩子便立刻屏住了呼吸，一動不動地站著接受掃描。在接受 CT 掃描時，兒童甚至還能透過放在候診室的縮小版設備，即「小貓掃描器」（Kitten Scanner），對各種軟軟的玩具進行臨床掃描。這個掃描器讓孩子了解將要進行的檢查程序，有助於緩解恐懼。在治療室裡，則會在病人和醫護人員之間、或病人和附近等候的親友之間設置攝影機，方便他們進行雙向的影像和聲音交流，以加強聯繫，減低病人的疏離感。結果，病人更放鬆了，體檢速度更快了，拒絕治療的可能性也降低了。事實證明，這種方法取得了更好的臨床效果，例如，三歲以下兒童注射鎮靜劑的比例減少了 30% 到 40%，接受輻射的劑量減少了 25% 到 50%。這種方法也提高了效率，例如，在設備工作速度方面提高了 15% 到 20%，CT 掃描的步驟數量從 6 個減少到 2 個。因此，採用醫療保健環境體驗系統的醫院效能變得更高；而不論是對病人還是對頂級人才，這樣的醫院也都更具有吸引力。

為什麼是飛利浦第一個認識到環境技術這個極有前景的應用？原因是競爭對手專注於技術替代，他們透過推斷產業的現有主導意義，探索新技術機會的潛力，所以認為體檢的品質和成本取決於設備的功能。他們只探尋那些能夠增加資料和速度的技術，而業內眾所周知的環境技術並不符合這個範疇，因此被忽略了，或僅被使用於相當邊緣的功能：例如，LED 被用作設備的功能指示器。飛利浦面對環境技術時採用了不同的方法：首先質疑現有的意義，並設想了一個新意義（體檢的品質和成本取決於體檢之前、之中和之後，病人與醫院環境的互動）；然後，根據這個新的意義，就更容易確定環境技術的價值。[12]

因此，意義創新的第三個驅動因素是技術。當一項新技術出現時，產業通常會優先關注狹義的創新戰略——**技術替代**。如圖 3-1 和圖 3-2 所示，技術替代是指為了更好地應對**現有**意義，用新技術**替代**原有技術。但實際上，新技術通常都有超越現有需求、創造新意義的潛力。成功創造這種產品的

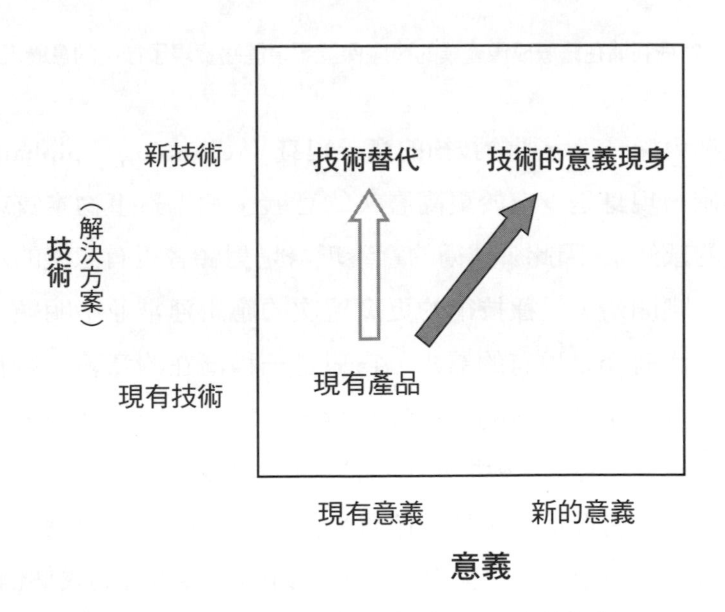

圖 3-1　技術的意義現身作為意義創新的驅動元素。

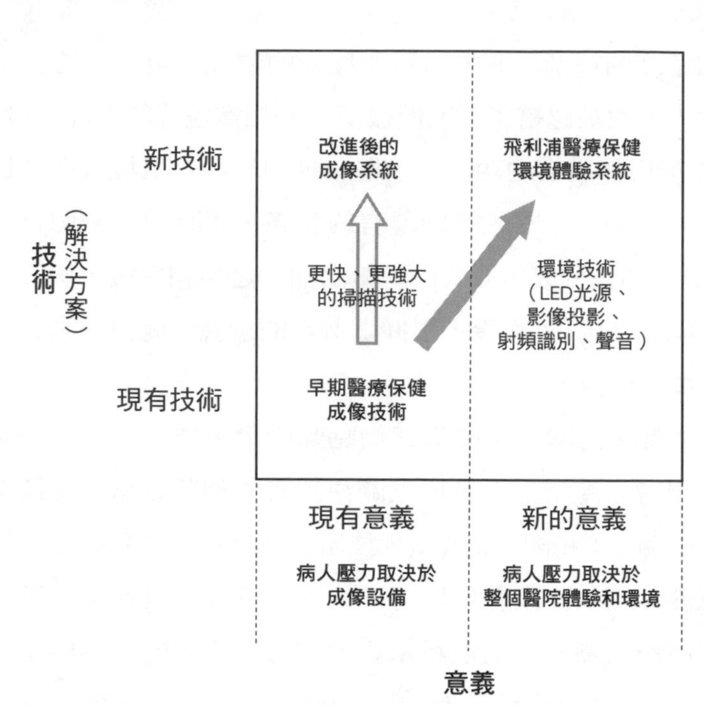

圖 3-2 飛利浦在醫療成像產業的醫療保健環境體驗實現了技術的意義現身。

企業會探尋我所謂的**技術的意義現身**（technology epiphany）。的確，現身是「處於更高層次的意義」和「對事物本質或意義的感知」。因此，技術的意義現身是對顧客更有意義的新應用。剛開始，這種技術的更高層次的應用通常並不明顯，因為它沒有滿足現有的需求，它只是一種潛在的意義。只有在企業挑戰產品意義的主導性詮釋，並創造當前人們尚未尋求的解決方案時，才會揭示出這種潛在的意義。

如果處理恰當，技術確實是意義創新的主要驅動力。我在《設計力創新》一書中列舉了**技術的意義現身**的幾個例子。[13] 任天堂（Nintendo）在 Wii 中採用微電子機械系統加速計，改變了遊樂器的意義：從消極地沉迷於虛擬世界，轉向積極地投入現實世界的體育娛樂。後者是透過更好的社交互動來實現的。透過開發 iPod 音樂播放機，蘋果公司與 MP3 播放器的早期製造商做出了區隔。這些製造商只是把新技術看作取代諸如隨身聽之類的袖珍音樂播放器（如 MP-Man）的途徑。而蘋果公司使用數位音訊編碼技術快速順暢地獲取音樂：使用者在 iTunes Store 尋找和欣賞新音樂，點擊購買，把音樂加入個人播放清單，就可以聆聽音樂了。

◎技術替代的局限

有時，專注於技術替代而不是**技術的意義現身**甚至可能導致嚴重的衰退。柯達就是一個例子。許多人認為，柯達失敗的主要原因是對數位攝影技術的出現反應慢半拍；但實際上，它在數位技術出現沒多久即投入了大量資源。它是第一批投資於數位媒體（如 PhotoCD）儲存照片的企業，它創造了新的硬體、軟體和支援它們的整個基礎設施。事實上，柯達一度是世界上最大的光碟生產商。問題是柯達只將數位技術視為化學攝影的替代品。數位技術可以更方便地處理圖像，但體驗保持不變：照片仍然是「捕捉瞬間」的方式，這種方式可以創造人們日後坐在客廳分享的回憶，但它只是將「捕捉到的瞬間」顯示在電視機上，而不是原來的相片。然而，數位技術促使攝影的意義發生了根本性的變化，如圖 3-3 所示：從創造記憶的方式轉變為交流的方式。數位圖像可以很方便地透過網路分享，對於我們在哪裡和我們在做什麼，可以比文本進行更快更有效的溝通。在交流溝通方面，圖像勝過千言萬語。柯達錯失了這一**技術的意義現身**。後來智慧手機製造商蘋果公司首先抓住這個**技術的意義現身**，並大膽地將之轉移到手機上。這個技術不僅可以捕捉圖像，還可以發送圖像，特別是圖像可以展現在接收者的手機螢幕上。現在，人們不僅儲存照片，還透過照片進行交談、溝通，而不管照片的品質如何，有時甚至不考慮把它存下來，正如「閱後即刪」照片分享應用程式 Snapchat 的成功所顯示的那樣。

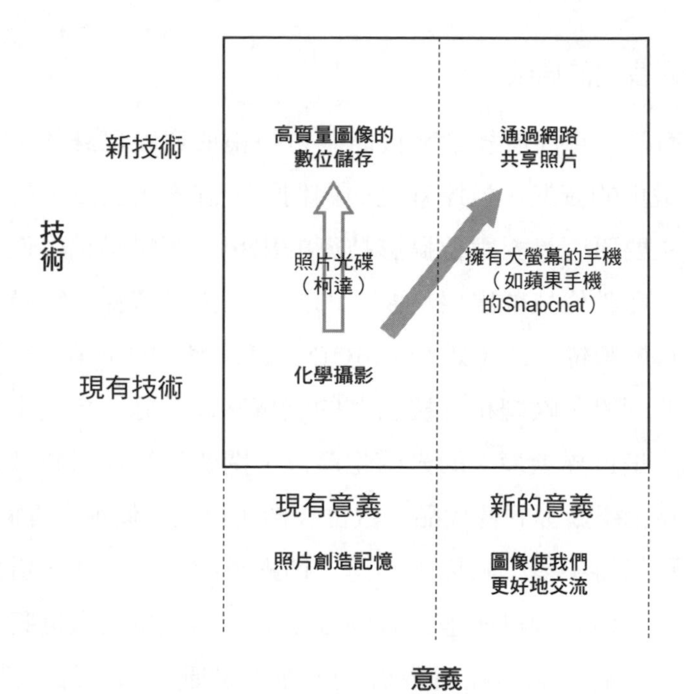

圖 3-3　數位攝影的技術的意義現身和柯達的失敗。

◎數位技術的意義現身

數位技術促成了一些現身，[14] 例如，在逐向導航行業的現身。一九九〇年代後期，基於全球定位系統的第一批導航可攜式裝置 NPDs，該行業諸如美國的領導者 Garmin 和歐洲的領導者 TomTom，都為其下了明確的意義：人們可利用它們找到一條最佳路線，到達以前從來沒有到過的新地方。隨著智慧手機的普及，21 世紀初出現了新的應用程式，如谷歌地圖或蘋果地圖等。這項技術是新的，與 NPDs 相比，性能有了顯著的提高（例如，谷歌結合地圖與搜尋引擎，就如何在目的地附近找到最佳位置提供建議，並提供評論和評分，以及可讓人們直接取得電話號碼），但其意義——「人們使用手機上的地圖前往未知的地方」保持不變。相反，Waze 則利用行動技術從根本上改變了行動導航的意義（如圖 3-4 所示）：以更快的方式到達已知目的地（如你的辦公室）。事實上，Waze 是一個社會化的點對點導航應用程式：透過使用在同一路線上其他駕駛員輸入的資料，來提供交通狀況的即時資訊。我們的家與辦公室之間通常有好幾條路線，可以在特定時刻使用這些資訊，選擇最佳路線，因此，Waze 的創始者為行動導航技術揭示了一個新的意義和價值：其作為 Garmin 的替代品，不僅能方便地找到未知地點的路線，而且還能從同行者那裡接收即時資訊，以便使用者更順利地到達已知地點。這個商業回報十分顯著：2013 年，谷歌決定以 10 多億美元的價格收購位智，一個擁有 5000 多萬使用者的社群選中了它。[15]

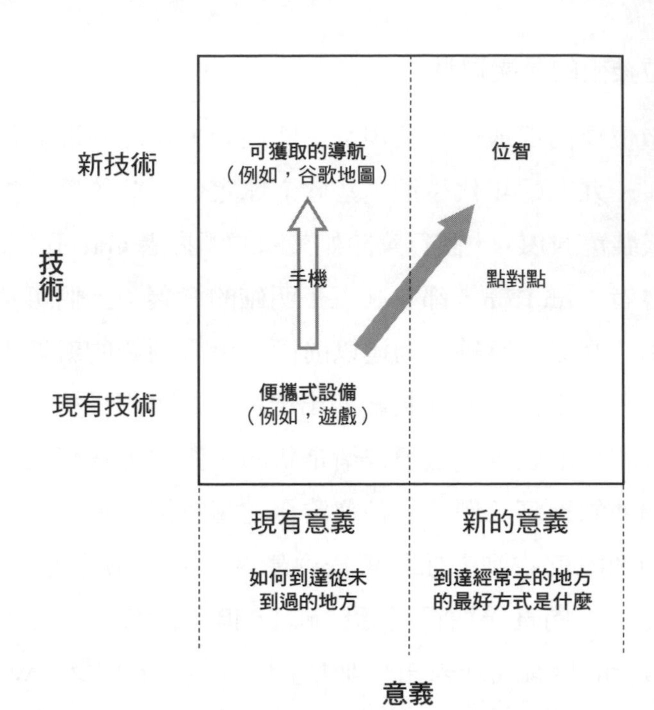

圖 3-4　Waze 在逐向導航市場上實現技術的意義現身。

關於創造新意義的時機，我們想問的第三組問題是：我們能否確定剛出現的新技術只能用來更好地執行現有的任務？新技術是否有現身的潛力，也就是能否創造對人們更有價值的新意義的體驗？

組織在轉型中迷失（或失焦）

「你知道嗎……我們組織中的許多人，都不知道他們為什麼在這裡工作……他們做日常工作……甚至效率很高……但他們不知道自己為什麼做正在做的事情……為什麼要為市場創造價值……他們早上來到辦公室……但並沒有問自己為什麼……他們只是這麼做而已。」

一家義大利頂級企業的品牌經理向我解釋她的企業所面臨的挑戰。企業經歷了十年的成功和快速發展，隨著新管理層的加入，組織規模不斷擴大，但卻失去了昔日輝煌時的精神。企業失去了傾聽市場的能力，失去了為人們創造獨特東西的樂趣，也失去了為世界做重要事情的意識。早期小型企業團隊爭論應該提供什麼？為什麼這樣做有意義？但這樣的活躍討論慢慢消失了。這帶來了新的挑戰：如何有效地管理大型組織。企業意義不再是談話的主題，大家認為這是理所當然的。不反思、不學習、不批評，也不創新。加入該組織的新員工收到了企業戰略方向的指示，但他們沒有批判性地思考這對他們有什麼意義及如何將其融入企業願景中。這表示了，意義在不斷淡化的詮釋中逐漸迷失，這些解釋之間甚至經常互相矛盾。組織變成了一台空有完美引擎的機器，但不知道發展的方向，一直在改變，最終迷失在複雜的競爭之中。

有時候，一般組織也有類似的情況。組織成員慢慢停止了對意義的思考。他們享受著成功，將「事情為什麼是這樣的」視為理所當然，並只專注於做事方式。結果是人們逐漸迷失了方向。讓組織恢復活力、回歸目的感、重新創造價值的唯一方法，是重新啟動對意義的思考。或者還有一個更好的做法，就是思考**新的**意義，沒有人會因反思「美好的過去時光」而充滿活力。人們喜歡積極主動地思考意義，而要讓他們這樣做，就只能促使他們去駕馭新的方向，對方向進行新的詮釋，並對他人的意義探尋感同身受。

關於創造新意義的時機，我們想要問的第四組問題是：組織內明確地對企業意義進行批判性反思是在什麼時候？組織成員是否知道產品或服務的意義是什麼？他們是否清楚自己的工作目的？他們能解釋為什麼這對社會很重要嗎？產業是有明確的共同焦點，還是對市場提出了不同的意義？最近有新的重要人員加入組織嗎？

所有企業是否都存在新意義

你的第二組問題是，任何產業都存在意義創新嗎？這和我的企業有關嗎？

答案很簡單：意義創新是所有產業價值的主要驅動因素，並可能就在此刻會顛覆你所在的產業。為什麼？

首先，因為任何產品、任何服務、任何東西都有意義。它們是由人們（最終消費者或組織成員）選擇和體驗的。人和組織使用某樣東西總有原因。

其次，因為每一個產業都競爭激烈。在任何產業，無論是 B2C 市場還是 B2B 市場，都有大量的解決方案和創意。在這兩種情況下，創新的創意，諸如群眾外包、UGC 使用者原則、大眾腦力激盪等產生的創意從四面八方湧來。顧客遇到的問題不是「請再給我一個解決方案」，而是「請幫我找到對我有意義的方向」。

最後，因為在任何行業，變化的速度都在急劇增加。所以，你不能等待顧客向你提出新的需求和要求。你只需觀察別人提出的新意義的結果。你需要主動採取行動，否則就太晚了。

為了支持以上觀點，我簡單梳理了廣泛分布在各產業並顛覆了其競爭狀態的創新案例。這些創新案例涵蓋了產品和服務、消費市場和產業市場。其簡要概況如圖 1-2 所示。除此之外，我還在本書的附錄中，對案例及其引起的意義變化進行了簡要描述。

B2B 產業的意義創新

在此，我們應該特別注意 B2B 產業的意義創新。在這個產業，企業服務的是其他組織，而不是終端顧客。人們可能會認為，只有在終端市場，意義才是重要的，因為消費者比企業顧客更需要情感性和象徵性意義。然而，已經有在 B2B 產業注重意義創新從而取得成功的例子了，例如，勤業的風險服務或飛利浦的醫療保健環境體驗系統。意義創新是在 B2B 產業獲取競爭優勢的驅動因素。

事實上，意義創新在產業市場比在消費市場更為重要。原因在於，如果你為企業顧客服務，你可以透過三種不同的方式利用意義創新，如圖 3-5 所示。

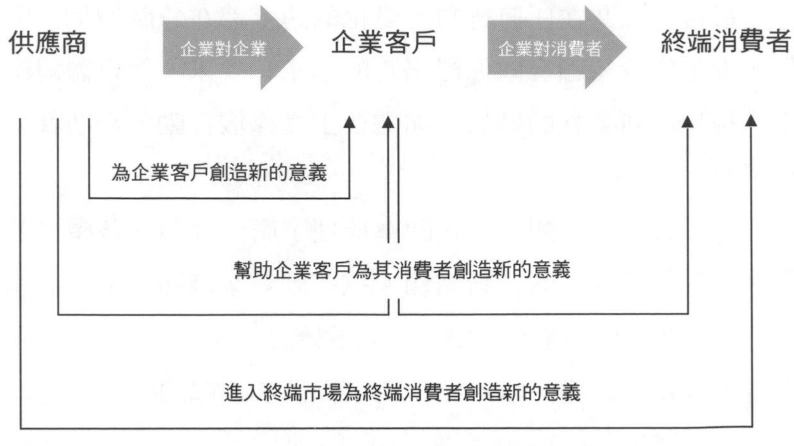

圖 3-5　B2B 產業的三種意義創新策略。

◎為企業顧客創造新的意義

企業顧客需要使用產品和服務，它們需要使用這些產品和服務來達到目的（即原因）。這種意義不一定是象徵性或情感性的。事物的原因（意義）肯定是實用的，是由效用驅動的。例如，醫院已經開始使用機器人處理簡單的作業（如在科室處理和分配藥品），**因為**它們希望透過機器人替代人力來提高生產效率。

企業顧客面臨著環境的變化，原因（即意義）也會因此改變。如今的環境以前所未有的速度和深度發生變化。例如，達文西系統是以極高的精確度進行外科手術（如前列腺切除手術）的機器人。這使專家醫生即使在年老或手開始顫抖時也能夠進行複雜的手術，或者可以透過網路連接遠端應用，即使患者在地理位置上相距遙遠，也可以由最專業的醫生完成手術操作。達文西系統因此改變了醫用機器人的意義。它不是為了替代醫生，而是為了支援他們的專業。意義從生產力變成了生產品質。如今，達文西系統已成為領先的前列腺切除手術系統。

從意義的角度來看，我們尤其需要關注在顧客組織內運營的**人**。這些人會選擇和使用一種帶有明確目的和意義的產品。這種產品既有實用性和象徵性，也有情感性。例如，會計應用軟體市場。大型企業顧客有專門的部門（如財務和會計）負責經濟分析。它們有敬業的專業員工，這些員工喜歡成熟完善的會計應用程式提供的支援。但是，如果我們的顧客（例如，木匠或理髮師）經營的是一家小公司，那麼，他們對會計的態度就不同了。這些組織沒有專業會計師，而木匠和理髮師絕不會想親自處理財務事宜。對他們來說，這是件令人苦惱的差事。這就是 Quickbook 財務軟體公司成為最受小企業主歡迎的會計應用軟體的原因。所有其他會計軟體提供者的介紹詞都是：「你想做會計嗎？那麼就使用我們的應用程式。」而財捷則有不同的價值主張：「你不想做會計嗎？那就使用我們的應用程式。」的確，小企業主不想親自做會計。

◎說明企業顧客為終端消費者創造新的意義

企業顧客有自己的消費者，這些消費者也在尋找意義。透過你提供的零件和服務，你可以說明顧客創新下游消費者的意義。例如，意法半導體幫助任天堂遊樂器創造了新的意義：從讓青少年進入虛擬世界的設備，轉變為他們可以在真實世界裡更好地運動和社交的設備。這一意義的改變是由於意法半導體創建了微電子機械系統加速計，將這種元件安裝在 Wii 遙控器中，讓遙控器可以追蹤運動狀態。

當意法半導體創造新元件時，它透過在供應鏈下游的兩個階段創造意義方案來探尋新的應用程式。它設想這個新元件該如何為顧客的消費者帶來新的體驗。這些意義方案是透過意法半導體的工程師和行銷人員與其顧客的工程師和行銷人員在工作坊共同合作創造的。這當然意味著與顧客組織建立新的聯繫：當元件技術還不成熟時，供應商需要直接與顧客的開發人員和創新人員合作，而不是僅僅與它們的採購部門互動。

透過創造技術說明顧客創造新意義的戰略深受企業顧客讚賞。今日，終端消費者正在尋求新的意義，企業非常重視那些在創新過程中支援它們的供應商。因為它們不僅提供了新技術，還提供了這些技術帶來新意義體驗的方式。

◎進入終端市場為終端消費者創造新的意義

有時，為終端消費者創造新意義的供應商甚至可能決定在價值鏈中向下游移動，從而親自提供這種新意義。例如，Vibram 五趾鞋公司是一家為鞋業生產商提供橡膠鞋跟的供應商。2005 年，Vibram 預見了改變戶外鞋意義的可能性。傳統上，鞋業傾向於製造更厚的橡膠鞋底以保護足部。Vibram 提出了新的意義：用橡膠技術使腳盡可能靠近地面，模仿赤腳跑步的動態情況。這種設想極有吸引力，於是，Vibram 決定向下游擴展，自己來生產整雙鞋子。這種鞋被稱為五趾鞋，鞋底薄而靈活，鞋子的輪廓與每個人的腳趾輪廓相同，所以也可以作為腳趾套。五趾鞋顏色鮮豔，因而它也將時尚和風格的意義帶入了競爭激烈的戶外鞋業。

歸途

本章是一次快速的旅程。我們訪問了不同的產業：從共享經濟中的點對點應用程式到醫療成像系統、從工業機器人到諮詢服務。這趟短暫的探索之旅表明，在充滿各種創意的世界，沒有哪個產業不需要意義創新。顧客尋求意義創新，領導型企業也是如此。而就在**此刻**，肯定會有人，如相鄰行業的競爭對手或組織，正在為你的顧客創造新的意義。問題不在於**是否**出現了新的意義，而是**如何**創造更有意義的東西。

那麼，我們現在回家吧，準備深入自己的意義創新之旅。讓我們回到我們的沙發、熱巧克力（可能已經不熱了）。我們可能需要一些蠟燭來獲得更舒適的感覺。

是的……蠟燭……曾經是過時的隱喻……多年來一直受到以燈泡作為封面的創新類圖書的嘲笑。

我喜歡把蠟燭看作是意義創新的象徵。請你將蠟燭與燈泡這一快速創造創意的象徵進行對比思考。即使蠟燭的意義幾個世紀以來一直沒有改變，如今也出現了蠟燭產業的意義創新。所以，如果有人聲稱：「這個故事很好，但不適合我的產業，我所在的產業沒有意義創新的空間……」我唯有默默地點燃自己的蠟燭。

PART 2

原則：
從超越創意到意義創新

The Principles: Beyond Ideas to Meaning

籬笆另一邊的草總是更綠。

作為學者，我一直擔心自己長於理論和原則，而弱於實踐，缺乏踐行理論和原則的方法、工具（這符合人們對教授的刻板印象）。這種自卑感促使我參與企業的諮詢專案、嘗試實踐、專注於實際結果，並透過理論和實踐中產生的靈感來制定框架。但這是永遠不夠的。我一直覺得籬笆另一邊的草，即象徵方法和工具的草，更綠一些。所以，當我構思這本書的時候，我想：「這一次我會跳到籬笆的另一邊。這將是一本手冊，一本關於**如何**進行意義創新的實踐指南。」最初，我真的在書稿中跳到了籬笆那邊。內容的初稿側重於近年來我們在與企業合作時使用的方法。

但後來我感到不舒服。我覺得沒有踐行自己所講的東西。在本書的第一部分，我認為，我們在世界上錯失的不是解決方案，而是方向；不是如何，而是為何。這也發生在創新研究領域。我們不缺乏創新的方法和工具，我們缺乏的是關於使用哪一種方法和工具、何時和**為何**使用的明確創意。蓋瑞．皮薩諾（Gary Pisano）在最近發表於《哈佛商業評論》的一篇文章中，雄辯地解釋，「許多企業在創新方面的失敗，不是因為沒有方法，而是因為方法太多，而企業在沒有明確目的的情況下就把它們混合配對。」[1]

我感到自己陷入了為創新提供實際解決方案的陷阱中，而在一個充滿解決方案和工具的世界中，缺少的是能夠啟發我們每個人靈感的指導原則。關注原因，你就可以選擇**對你**更有意義的工具。

我仍會在本書的第三部分提供方法（缺乏實踐的自卑感仍在困擾我）。那些是我們在企業專案中採用的方法。可能還有其他工具，我們當然希望不斷改進和創建新的工具。然而，在實施這些方法時要遵循能夠指導意義創新的原則。無論你使用什麼工具，這些原則都是有效的，也是我們創造意義之旅的核心。

因此，在本書的第二部分，我們要介紹的是原則。

我將介紹它們與解決方案創新的**不同之處**。事實上，我們更熟悉解決方案創新。我們中的許多人都經歷過解決方案創新，甚至可能經歷過好幾次。過去幾十年來，它一直是創新論述的主題。

儘管在貢獻和方法方面關於解決方案創新的討論很廣泛，但從本質上而言，我們普遍認為，解決方案創新是創造性解決問題這一過程的結果：使用者有問題或需要，創新意味著理解這些問題，並創造更好的創意來解決它們。

那麼，當我們想進行意義創新而不是解決方案創新時，應該採取哪些不同的做法呢？我們將會看到，兩者在原則上有兩個根本的區別，如圖 B-1 所示。

第一個根本區別是過程的**方向**。解決方案創新是**由外而內**的。它要求我們先從組織外部、從我們自己之外去尋求解決方案。當我們需要解決方案創新時，我們要先走**出去**，觀察使用者如何使用現有產品。我們建議「**跳出**框架思考」，以便更具創造性，甚至邀請**外部人員**提出大量新奇的創意。意義創新則是**由內而外**的。這是我們自己創造並提供給人們的

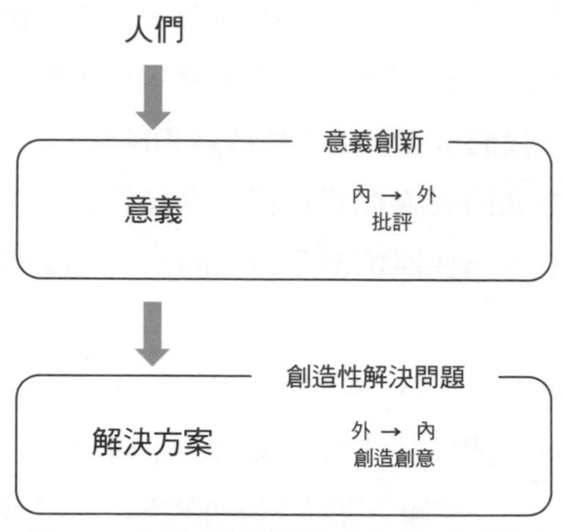

圖 B-1 意義創新與解決方案創新的原則

願景。這是一份愛的禮物，因為最重要的是，**我們**愛它，我們真誠地**相信**它會讓人們的生活更美好。絕不會產生其他情況。你可以向外部人員借用解決方案，但你不能向外部人員借用願景：你不能借用其他人的眼睛，你得自己去觀察。

第二個根本上的區別是**觀念**。解決方案創新一般建立在**創造創意**藝術的基礎上。產生的創意越多，找到有效創意的機會就越大。而意義創新則需要**批評**的藝術。事實上，由於這一過程是從內部開始的，我們需要確定來自我們自己願景的東西對其他人也是有意義的。我們需要挑戰我們原來的假設、質疑我們對環境的理解方式、認真採納新的觀點。採取批評態度並不意味著消極，而是意味著更深入地尋找對比、製造緊張態勢、討論分歧、重新調整、尋找新的秩序。如果不對我們所相信及尋找的東西進行批判性思考，我們就會用舊的視角解讀新的見解。我們只會看到我們想看到的東西。

這兩個原則，即由內而外的創新和批評，都與解決方案創新的基本原則背道而馳。主流的創新研究讚揚了外部人員在創新中的作用，並認為批評是微不足道的，甚至是有害的。這些研究不是錯誤，只是它們針對的一種不同的創新：尋找新的解決方案。但對於意義創新，這些原則就完全不適用了。

第四章

由內而外的創新：製作禮物

Innovation from the Inside Out: Making Gifts

我們需要一種可稱之為初學者的思維。

——IDEO 首席執行長提姆．布朗（Tim Brown），2013 年

透過觀察使用者的行為，我們學會了如何設計更好的購物車。

——IDEO 創始人大衛．凱利（David Kelley），1999 年

（有創造力的人）有更多的經驗，或者他們對自己的經驗有更多的思考。但不幸的是，我們行業的很多人沒有把它們連接起來。

——蘋果公司創始人史帝夫．賈伯斯，1996 年

人們絕不會愛你自己都不愛的產品。如果你自己不愛它，人們會感覺得到……也會聞得到……

——蘋果公司創始人史帝夫．沃茲尼克，2014 年

上面這四個句子中，前兩句是 IDEO 的首席執行長提姆．布朗及其創始人大衛．凱利說的，後面兩句則是蘋果公司的兩位創始人說的。[1] 這些都是非常成功的創新者的經典名言，但他們所說的觀點卻完全相反。

IDEO 的兩位領導者認為，創新是**由外而內**的，即來自組織的外部，來自我們的外部。布朗特別指出，IDEO 的優勢之一是：作為一家運作範圍涵蓋所有領域的設計諮詢公司，可在不受專業知識局限的情況下，解決顧客的問題。從專業知識的角度考慮問題會有先入為主的成見，而這限制了我們創

新的能力。布朗指出，**外部人員**則沒有這些先入為主的成見。他們頭腦清醒。凱利也提出了他的看法：在所有外部人員中，使用者舉足輕重，創新主要源自於他們。因此，我們需要從使用者開始，了解他們的問題。這句話來源於廣受歡迎的美國廣播公司（ABC）《夜間連線》（*Nightline*）的節目《深潛》（*The Deep Dive*）。在這個節目中，IDEO 透過一個重新設計購物車例子，說明其創新過程。在這段影片中，IDEO 團隊的第一件事情就是**離開**辦公室，前往當地的超市仔細觀察使用者如何使用購物車。

而蘋果公司創始人的觀點則與之相反。賈伯斯強調了**我們自身**經驗的重要性。當思考問題時，我們必然會從自己的切身經驗出發。這是我們最初的寶貴資源。因此，我們需要**豐富**自己的經驗，盡可能拓展自己的經驗。沃茲尼克強調了這一點，並用一句話來對比凱利的觀點：顧客喜愛我們所做事情的必要條件是**我們**自己喜愛它。我們必須愛它，才能讓別人愛它。這絕對不是使用者驅動的方法。蘋果公司領導者的兩句話都表明，創新不是由外而內，而是**由內而外**的，從我們自身推廣到外部世界。為了創造人們喜愛的產品，我們需要從自己喜愛的東西出發。我們只能透過自己的個人經驗、自己對世界的認知來創新，而不是透過外部人員來創新。

這是一個難題。兩對成功的創新者是由對立的兩個原則所驅動。他們似乎生活在兩個不同的星球上。我們怎麼解釋呢？

由外而內的創新迷思

在過去的十五年裡，有關創新的主流詮釋是一致的：由內而外的觀點是錯誤的。大家認為，蘋果公司是個例外。因為一開始，蘋果只是一家電腦公司，它的成功並不引人注目，僅局限於充滿激情的「花孩子」（flower children）這個小小的細分市場。大家認為，賈伯斯是一位即興大師（前面的引述是他還在經營 NeXT 公司時所說的話）。但是大家認為，企業，尤其是真正的企業，是另一回事。

主流的創新觀念確實與之相反，主流的創新觀念宣導由外而內展開的過程。IDEO 那段設計購物車的影片已經在商學院風靡了十五年（我把它當作解決問題的典範），它甚至已經紅到如果我問學生是否看過這段影片，會得到這樣的回答：「請不要再看了！我們已經針對這段影片討論過三次了。」有趣的是，由設計公司 IDEO 出品的這段影片，在商學院比在設計學院更受歡迎。看來 IDEO 擊中了痛處，終於找到了與商業人士談論設計的正確方式。無論如何，從這個角度來看，IDEO 絕不孤單。它可能是最具代表性和最卓越的思想家，有很多志同道合者。

以**開放式創新**和**群眾外包**為例，十多年來，它們引起了人們的高度關注。[2] 它們讚揚外部人員在尋找新解決方案方面的作用。「不管你是誰，大多數最聰明的人都在為別人工作。」為了抵制微軟力圖吸引周圍最聰明人才的做法，Sun Microsystems 公司的聯合創始人比爾・喬伊（Bill Joy）如是說。[3] 寶僑公司負責創新和知識的副總裁賴瑞．休斯頓（Larry Huston）補充道：「就拿我們的 7500 名寶橋研究人員來說，每一個人在世界上其他地方都有 200 名跟他們同樣優秀的科學家或工程師，我們可能會用到的人才總數大約為 150 萬。」[4] 這一觀點有充分的理由：現在的問題極為複雜，我們內部無法掌握所有可能的能力；與此同時，特別是由於網路技術的發展，外部人員的參與顯得更容易了。

創新主要**來源於其他人而非自己**的假設也滲透、彌漫到組織內部。在這種情況下，應將「來源於其他人」理解為「來自團隊」。我們不妨來回顧 IDEO 購物車的影片：今天是星期五，專案已經完成，美國廣播公司記者解釋道，「今天是第五天，大衛．凱利不知道最後一輛購物車是什麼樣子，這只有團隊知道」。而史帝夫．賈伯斯極為關注蘋果公司正在開展的專案的細節，與 IDEO 的做法相比，確實截然不同！

最後，對我們自己和我們自己的創造過程的建議是**跳出**我們自己。「解放思想」一直是創新之歌的主旋律。

用詩意化的表達來說，創新應以使用者為中心。使用者比任何人都更清楚使用的問題。[5] 有時候，他們甚至知道解決方案，正如艾瑞克．馮．希佩爾（Eric Von Hippel）巧妙展示的那樣。[6] 因此，**以使用者為中心**的創新，甚至是使用者**驅動**的創新，一直是很少有人敢質疑的圭臬。商學院教室的牆上一直在宣揚這樣的觀念：不要從自己出發，不要從經驗出發；不要相信自己的直覺，最重要的是，不要為自己設計產品。

因此，作為創新領域的學者和實踐者，我們慢慢地建構了一個迷思：創新由外而內。迷思的典型特徵是：不加批判地支持，絕對是無可爭辯的。創新辯論中的討論變得近乎單調：無論我們處於什麼環境，也無論我們採取何種戰略，由外而內的創新總是對的。沒有主旋律之外的聲音，而那些敢於質疑這一假設的則被視為怪人。2010 年，我為《哈佛商業評論》線上雜誌撰寫了一篇文章，題為〈以使用者為中心的創新是不可持續的〉（User-Centered Innovation Is Not Sustainable）。文章指出，以使用者為中心的創新並沒有幫助我們進入更可持續的世界。我不想在這裡深入探討這一論點，[7] 但令我印象深刻的是人們在這篇文章下面發表的許多評論。除了一些支持或反對立場的深度思考，很多人的反應都可以總結為：「你怎麼敢這樣？不要碰以使用者為中心的創新！」

撼動創新迷思

我們需要撼動它。事實上，社會人士已開始懷疑由內而外的過程是否總是錯的。iPod、iTunes、iPhone、MacBook Air 和 iPad 一系列令人眼花繚亂的成功，加上人們對史帝芬．賈伯斯去世的惋惜之心，人們開始對創新方法的堅定信念產生了懷疑。我們再也不能認為蘋果公司的成功是個特殊的例外事件了。蘋果公司並非由內而外創新的孤例，我們在本書中介紹過的其他成功組織也遵循類似的方向，如雀巢、揚基蠟燭、飛利浦、Airbnb、勤業和意法半導體等，此外還有我們在後面會談到的許多其他組織。

那麼我們該如何解決這一難題？孰是孰非？布朗還是賈伯斯？凱利還是沃茲尼克？

本章開頭的兩種觀點其實都是正確的，只是針對兩種不同類型的創新而已。對於尋找新的解決方案，由外而內的創新過程非常有效；而對於尋找新的意義，由內而外的創新過程也同樣極為有效。

換句話說，在意義創新方面，由外而內的創新迷思是行不通的。我們需要採取完全相反的方向：由內而外。其中有三個原因，我將對此進行深入闡述。第一，意義即為詮釋，**詮釋是不能外包的**，只能來自我們自己。第二，我們的詮釋是**珍貴的**，人們永遠不會愛我們自己都不愛的東西。第三，我們有**責任**推動世界朝著我們認為更有意義的方向前進，這對人類、企業和我們都有好處；如果我們不承擔這一責任，那麼我們在這個世界上又有什麼用？

在討論這些原因的過程中，我將特意強調由外而內和由內而外的創新過程之間的差異。除了因為這樣可以解釋得更清楚，其中的差異也確實非常明顯。為了平衡兩者的不同，有人可能會指出，由外而內的創新過程仍然涉及我們的內部組織，開放式創新和以使用者為中心的創新最終也會要求我們自己決定做什麼。這些都是真的，但是兩種方法有一百八十度的不同，即創新過程的**方向**截然不同。解決方案創新需要從外部**開始，然後**轉向我們。意義創新則需要從我們自己**出發，然後**涉及外部人員。這個不同的順序意味著這兩個過程在實作時是完全不同的。

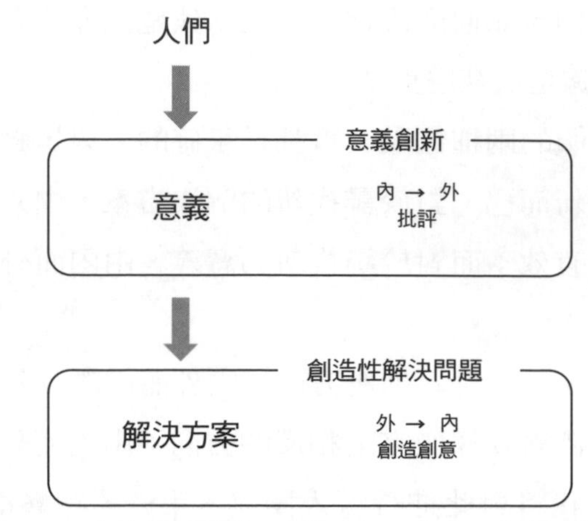

圖 4-1　意義創新的第一個原則 ： 由內而外的創新。

眼見不一定為實

> 我們熟視無睹：我們用眼睛看，但只是一掠而過，不會深究看到的東西。即使我們看到了一些跡象，也並沒有看到其本質意義。
>
> ——亞莉珊卓．霍洛維茨

「哈哈哈哈！……500 美元！」當時的微軟首席執行長史帝夫．巴爾默（Steve Ballmer）發出了豪放的笑聲，「這是世界上最貴的手機……但沒有鍵盤，所以不方便寫電子郵件。」那時是 2007 年 1 月，史帝芬．賈伯斯剛剛在麥世議（Macworld Conference）上發表了蘋果智慧型手機。與此同時，微軟正在將自己的行動解決方案商業化。巴爾默繼續對記者說：「現在，我們每年銷售無數部手機，而蘋果公司每年的手機銷售量是零……可他們推出了市場上迄今為止最貴的手機。」[9]

也許他笑得太大聲了。但有這種感覺的並非只有他一個人。當時，有好幾位專家都預測蘋果手機會失敗。[10] 從某種意義上說，巴爾默是對的。500 美元買一部手機太貴了。沒有鍵盤的商務手機也不是什麼好的解決方案。可關鍵是蘋果手機不僅是一個新的解決方案。它是一個**新的意義**，新的理由。最終人們購買它，不是因為它只是手機，也不是因為它是商務手機。對他們來說，蘋果手機是娛樂自己及朋友的個人伴侶。

巴爾默的嘲笑代表了一個關鍵的挑戰：新的意義被提出時，要認識到它的價值並不容易。他面前有個好創意，甚至不僅是創意，還是一個成品。他**看見**了。然而，他（和許多其他人）完全**錯過了它的意義**。為什麼？

在行為心理學家亞莉珊卓·霍洛維茨的著作《換一雙眼睛散步去：跟十一位專家在日常風景中找到驚奇》中，她想探究為什麼我們會錯過發生在眼前的事情。[11] 例如，我們走過街區時，會錯過很多事情。

霍洛維茨解釋，特別是當我們走在熟悉的街道上時，我們很自然地習慣了周圍的事物。慢慢地，我們不再關注周圍的事物了，因為我們認為這是自然而然的。

霍洛維茨還補充了一些更有趣的東西：即使在刻意專注和集中精神時，我們也會錯過很多東西。注意力是一種強有力的機制，會幫助我們仔細關注某件事情、過濾掉我們認為不重要的其他東西。在穿過街道時，我們會看到有輛車開過來，同時我們也會過濾掉無數種不同的刺激和感覺，例如，看板螢光燈的嗡嗡聲、在附近操場上玩耍的孩子們的動作、天空中雲彩的形狀、割草機的轟鳴聲、櫻花盛開的芬芳，還有我們下顎的緊張感，等等。這種注意力機制非常有用，因為它使我們能夠捕捉重要的東西，例如：一輛正在開過來的汽車，還有緊隨而來的另一輛車。它使我們對其他一切都不會注意了。我們只關注**想**看到的東西。

事實上，我們看到的更少。有時候，即使**想**看到一些東西，我們也沒有能力發現它。例如，我們想看到紫外線，或聽到超音波，但我們做不到。我們的眼睛和耳朵還沒有這些能力，我們需要借助特殊的工具才能看到、聽到。最終，我們只看到了**想**看到且**能**看到的東西。

這種挑戰不僅會影響我們的日常生活（比如，當我們在街區行走的時候），也會影響我們改變的能力。如今在環境中充滿著無數的信號和資訊，我們自然會傾向於接受有限數量的刺激。這使我們能夠生存下去，並專注於當下，但不幸的是，這常常阻止我們發現微弱的新痕跡。

研究創造力的大多數思想家提出了克服這一挑戰的方法：用新的眼光看待世界。「跳出固有的框架」，也就是說，跳出我們尋找洞見的常用框架。從這個角度來看，外部人員有一個優勢：他們已經置身於常用框架之外。他們「像一張白紙」，不知道主導特定領域的解決方案試探法（heuristics）。在本章開頭，提姆．布朗說過這句話：「我們需要一種初學者思維，或者用個隱喻的說法——一個孩子的思維。」[12]

這對尋找新的解決方案可能有效。但在意義創新方面，這種建議並不奏效。就意義而言，沒有人是，或將永遠是初學者。我在研究早期認識了一家跨國公司的研發經理。他很有經驗，為其組織工作了很多年。在創新和設計方面，他的公司有悠久而輝煌的歷史，但現在這個品牌正在失去昔日的榮光和與顧客的聯繫。因此，他讓團隊為公司的新一代產品尋找新的意義。我和他一起工作時，他正在思考該走哪條路。在他面前有兩個方向，一個是由外而內的：首先會見外部人士，收集各種洞見，然後在內部使用這些洞見來決定該做什麼。另一個方向是由內而外的：先舉辦一次內部工作坊，讓團隊提出新的願景，然後與外部專家一起檢查這些願景是否有意義。我問：「你想選擇哪個方向？」他回答說：「我們最好先與外部人員見面。如果我們先自己設想，恐怕我們會形成與過去幾年我們組織主流意義相同的東西。」這聽起來很合理。因此，他的創新團隊從會見外部專家開始。在這些專家中，大多數人以前從未見過該公司原有的產品，他們帶來了一些新的創意。然而，進行這些會議後，團隊提出了可能的意義，仍然出現了同樣的舊想法，這令管理高層感到沮喪。好像與外部人員會面沒有什麼用。團隊已經接觸了新的創意，但沒有什麼變化。為什麼？

在專案早期，讓外部人員參與或觀察使用者，是基於一個基本的假設：最難的是看到某些東西，但一旦看到了，我們就很容易**確認**它。因此，如果外部人員從我們的認知框架之外為我們帶來創意，我們就能識別他們創意的價值。或者，如果觀察顧客，我們就可以確認意料之外的行為。

這適用於解決方案創新，但不適用於意義創新。事實上，**我們可以很容易地根據標準評估解決方案**：我們可以根據產品的意義來判斷哪種解決方案更好、哪種更差。我們用一個簡單的例子來說明這一點。圖 4-2 顯示了搜尋解決方案時的情況。假設我們的產品是球，現在使用者說他們更喜歡大的球，換句話說，「更大的球是有意義的。」這基於大小的判斷尺度。因此，創新將旨在創造解決方案和技術，使我們能夠生產更大的球。找到這些解決方案後（如圖 4-2 左側所示的選擇方案），我們可以根據它們的大小進行篩選。由於有了判斷尺度，每次製造出新的球，我們都可以很容易地確認它的價值。最終，我們選擇了我們創造的最好的一個，即最大的一個。換句話說，**有了解決方案，我們便知道我們在尋找什麼**（在這個例子中，是更大的球）。我們可以使用**優化**的方法，那麼觀察就足矣。這就是巴爾默在回答記者有關蘋果手機的問題時所採用的思維框架。在那之前，手機是打電話或發電子郵件的設備，而不是娛樂設備。因此，解決方案創新的判斷尺度是電池壽命或打字速度。在這個現有意義的背景下，很難找到具有更長電池壽命的解決方案，但是很容易確認：它是否符合判斷標準的要求。不過，在這些方面，蘋果手機肯定不符合標準要求。

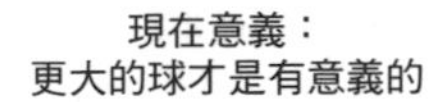

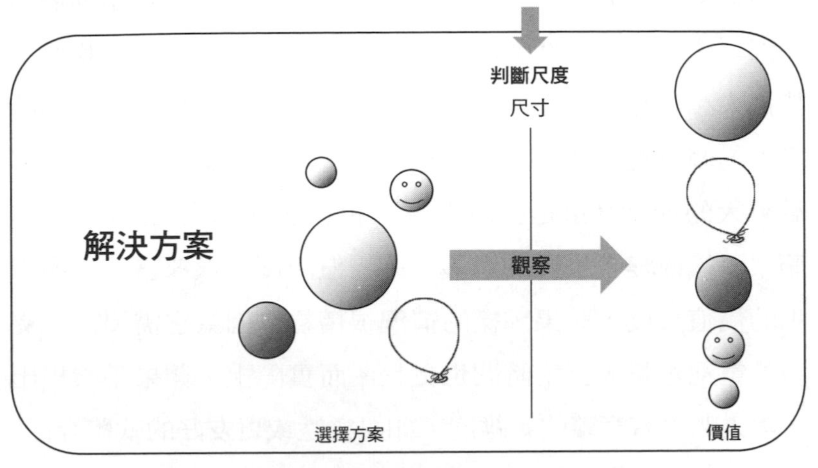

圖 4-2　創造性解決問題方案的觀察與優化。

正如之前提到的，蘋果手機是一種意義創新，而不僅僅是一種新的解決方案。意義創新不同於解決方案創新，它們不能根據同一尺度進行衡量。

原因很簡單：判斷的「尺度」是意義，這就是我們想要**改變**的。意義就是我們區分好壞的標準。所以，如果我們在尋找新意義的時候質疑傳統的判斷標準，那麼就沒有參考標準，也就沒有衡量尺度。圖 4-3 說明了這一點。想像一下，我們現在想要超越「更大的球才有意義」這一標準，並想尋找新的意義。我們可以設想一些新的可能性，例如：有圖案的球是有意義的、深色的球是有意義的、淺色的球是有意義的、有趣的球是有意義的、明亮的球是有意義的等等。設想有意義的新命題並不重要，但確認其價值卻困難得多。可能有人提出一個新說法：「這個球比我們現在提供的要小，但是球上有很有趣的臉部照片，人們會喜歡它的。」這一說法與前面的不同，它立足於一個新的維度：有趣，而不是大小。我們不能把大小和有趣放在同一尺度上進行判斷。我們需要做出詮釋：一個有趣的球對人們有意義嗎？他們會喜歡它，而不喜歡更大的球嗎？這是當時巴爾默和許多其他人面臨的問題。蘋果手機改變了手機的意義，即價值尺度。根據當時主導市場的價值尺度，蘋果手機的情況很糟糕，因為它需要消耗更多的電池電量，打字時間也更長。而實際上，蘋果手機提出了對人們更有意義的新維度，如娛樂性或更友好的軟體介面。但巴爾默看到的是解決方案，而不是意義。

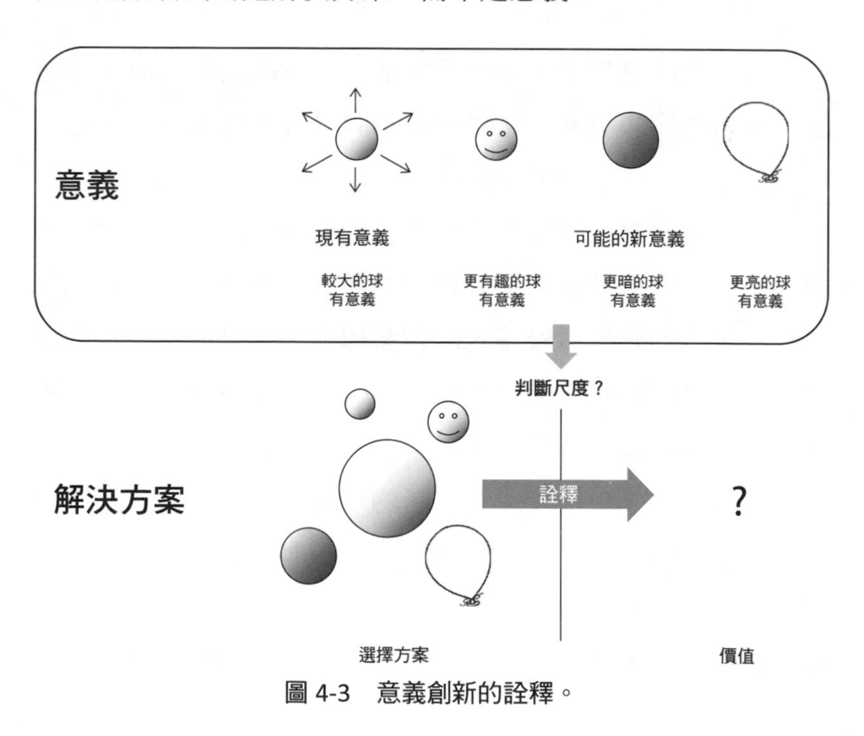

圖 4-3　意義創新的詮釋。

換句話說，新的意義是**詮釋**，而不是優化。它們是對人們**會**喜愛什麼東西的詮釋。

所以，你可能會想：為什麼我們不直接問使用者呢？或者，我們為什麼不去觀察使用現有產品的人呢？

如果所有使用者的洞見都指向同一個方向，使用者分析就會提供一個明確的答案。不幸的是，在這個複雜而迅速變化的世界裡，我們從市場上得到的信號很少指向同一個方向。如果都指向同一個方向，那就只意味著一個情況：你行動得太遲了，因為其他人已經創建了新的意義。2012 年，蘋果手機發布五年**後**，顧客一致認為：「娛樂手機比商務手機更好」、「觸控式螢幕比實體鍵盤更好」。然而，在 2007 年蘋果手機發布**之前**，情況並不是這樣的。在意義創新發生之前，使用者觀察會產生一個非常複雜的情況，我們**仍然需要對其進行詮釋**。特別是，我們通常可從使用者身上觀察到兩種情況：

- **主導行為**，即使用者當前尋求的現有意義。
- **大量的微弱信號**—新穎行為、細微見解、新顧客，都指向不同的方向。它們可能是一些新意義的萌芽，看起來都同樣有趣，同時又是主觀隨意的。

任何基於統計學的行銷或趨勢分析工具，都具有這樣的優點：不受我們詮釋所固有的偏見影響。但這種分析工具僅能確定其中的第一種情況——主導行為，即現有意義。基於行為**模式**識別（如人群分析）的定性方法也會產生類似的結果。

為了創造新的意義，我們需要關注第二種情況：指向不同方向的大量微弱信號。這意味著最終仍需要我們做出自己的詮釋。

因此，即使我們從使用者出發，問題仍然存在：**涉及新的意義時，我們還是必須做出自己的詮釋**。無論使用哪種方法來理解使用者，我們都需要做出幾種詮釋：需要針對哪些使用者；該問什麼；什麼時候、在哪裡觀察；關注哪些信號，忽視哪些；如何理解它們。

更糟糕的是，使用者預測新意義的能力通常很差。他們可能傾向於讓我們理解他們目前喜愛的東西，而不是他們**可能**喜愛的東西。幾項研究表明，顧客對激進創新幾乎沒有什麼幫助。哈佛商學院克萊頓．克里斯汀生的研究非常知名。無論是從理論上，還是從實證上，他的研究都以極令人信服的方式證明了其知名度。[13] 說到突破性意義創新，在我以前撰寫的書《設計力創新》中，也列舉了幾個例子來說明這一點。[14] 最近，我有幸與唐．諾曼（Don Norman）一起進一步闡述了對以使用者為中心的創新的批評。唐是人本設計的創始人之一，[15] 他也得出了同樣的結論：激進創新並非源於使用者。[16]

無論如何，不管使用者對激進創新是否有用，最終我們仍然需要對他們的見解做出我們自己的詮釋。我們不能回避這一點。

如果我們考慮其他類型的外部人員（其他領域的專家、

供應商、研究人員、趨勢分析人員等），情況也是如此。我們可以請他們詮釋顧客會喜愛什麼，但同樣地，在我們進行意義創新並成為市場主導**之前**，他們的詮釋也都會指向許多不同的方向，都同樣有趣和主觀武斷。因此，我們仍然需要自己來理解他們的詮釋。

歸根究底，涉及意義創新時，**觀察是不夠的**。正如在本節開頭的引文中，亞莉珊卓·霍羅維茨所明確有力地指出的：「我們熟視無睹……即使我們看到了一些跡象，也並沒有看到其本質意義。」我們需要詮釋所看到的東西，而這只有我們自己才能做到。**我們不能從別人那裡借用新的詮釋**。雖然我們可以看到某個使用者在做一些新的事情，或傾聽專家的獨特詮釋；但在當今複雜的環境中，我們仍然需要判斷自己所看到的或聽到的這些細節是重要且相關、還是無關緊要，是好的、還是壞的。

不過，這並不意味著使用者和其他專家對創新不重要。他們仍然必不可少。但讓他們參與的最有效方法是什麼？特別是在什麼時候參與？我們是應該從外部人員出發，然後形成我們的詮釋；還是先創造我們自己對意義的詮釋，然後向外部人員核實是否確實有意義？換句話說，我們是應該由外而內還是由內而外呢？

關於創新過程應由外而內的問題極具有誤導性。我們相信這一過程是從外部人員出發的，但實際上，當我們遇到外部人員時，我們預先已經有了自己的詮釋。我們已經有了什麼對人們是有意義的個人假設。因為意義是建立在價值觀和信念的基礎上，任何人都有價值觀和信念。德國詮釋學哲學家高達美（Hans-Georg Gadamer）在其著作《真理與方法》（*Truth and Method*）中明確指出，作為沉浸在當今世界的人類，我們有自己的歷史基礎，即我們無法回避的經驗、文化和環境。[17] 沒有人能僅透過採取某一種態度就把他眼前的處境拋在腦後。[18] 當談到意義時，對於天真的頭腦和心靈的夢想而言，其本身就是一個天真的迷思。每個人對手機的意義都有自己的理解。每個人都不可避免地會感覺到環境的變化，並會悄無聲息地慢慢形成自己對未來新方向的個人假設。我前面提到的專案團隊之所以即使在與外部人員交流之後，仍會不斷地提出原來的想法，是因為在參與這一專案時，團隊成員的內心已經對未來發展方向有了想法。他們有隱含的個人假設。因此，即使他們最終接觸到了一些洞見，也只認可那些最符合他們內心假設的刺激：他們只了解自己內心想要的見解，並進行詮釋。

我們可以假裝這些價值觀並不存在，假裝我們是初學者，就像解決方案創新一樣。但這是不可能的，價值觀無法偽裝，也無法清除。

那麼，亞莉珊卓．霍洛維茨是如何解決這一難題的？她和十一位專家一起「散步」、觀察新的東西，但她選擇了一個獨特的方向：由內而外。在與專家一起散步**之前**，她自己先到街區走一走。

先形成內在看法

> 如果我們被黑暗蒙蔽，我們也會被光明蒙蔽。當太多的光線照射到所有物體上時，就會產生一種特殊的恐怖。
>
> ——安妮·迪勒（Annie Dillard）[19]

「我自己先在街區走一走。在接受同行專家的建議**之前**，我想先記錄自己看到的東西。」[20] 霍洛維茨為什麼選擇由內而外？或者，將其置於意義創新的背景下來考慮這些問題：為什麼我們自己先提出新願景、新意義才是更好的做法？在尋求別人的洞見之前，為什麼我們**首先**要考慮自己的想法？

從自己出發的好處是合乎邏輯並具有實效的。我們不是在絕對條件下學習，我們是從差異中學習。從比較中學習。當看到東西時，我們需要對比。光線本身並不能使我們看到任何東西，我們需要陰影才能看到東西。當我們從自我出發時，我們就創造了陰影，可以用來對比外部人員的洞見。

無論如何，當涉及意義創新時，這種比較**已經**存在於我們的內心：如上所述，我們對人們會喜愛的新意義有自己的潛在假設。在與外部人員見面之前先進行自我反省，我們就會更清楚這些假設。因為具有上述必要的益處，所以在力圖明確和表達我們的假設的過程中，我們會得出自己的假設，更好地塑造它，並把模糊、灰色的潛在假設轉變成更暗的背景，為對比做好準備。這樣，捕捉景觀中細微的創意、場景中微弱的信號及偶然事件，將會更容易。同樣，透過披露我們的假設，我們讓自己和團隊中的其他人看到了這些假設。這意味著說謊、走捷徑，或假裝我們沒有看到方向不同的東西，將會更加困難，因為我們為差異設定了基準。

此外，透過展現內心的假設，我們還創造了內心空間來容納新的思想。在研究的早期，我目睹了一件有趣的事。一家大公司的創新團隊投入了一個為消費者創造新產品意義的專案。他們已經完成了一半的專案任務：團隊已經制定了可能的方向，並與外部人員會面，看看這些方向是否有意義。隨著新的願景變得越來越清晰，專案負責人意識到，在組建多領域創新團隊時，他忽略了邀請公司的一位關鍵的行銷經理參與。沒關係，事情還沒有敲定，他及時獲得了這位行銷經理的洞見和承諾。他邀請行銷經理參加為期兩天的工作坊，目的是進一步確定新的意義，並將其轉化為產品概念。

當然，工作坊議程的第一件事是向行銷經理說明專案的方向（即團隊早就制定的新意義），這樣他就可以跟上步調。不過，這並不順利。我注意到了行銷經理的臉上那迷惑不解的神態。他對具體細節提出了有趣的評論和回饋，但我覺得他沒有接受這一願景的核心。他沒有判斷方向是否正確，他就是不能理解。他繼續如約參與第一天的全天工作，然而，他還是不認同概念中的一些非核心細節，不時流露出不愉快的情緒。第二天早上，緊張態勢加劇，談話開始變得更刺耳和更沒有成效。最後他終於爆發了：「拜託，讓我說一下**我的**願景！」在「音樂」的高潮部分，重點是「我的」。這一聲明很武斷強硬，團隊頓時鴉雀無聲。大家處於混亂之中，並在思考該怎麼辦。在沒有等待其他人同意改變議程的情況下，他繼續往下講。接下來的十五分鐘裡，他講述了他的想法，即他認為顧客在尋找的意義。他的想法顯然不符合專案的當前方向。我看到專案負責人越來越著急，其他人都緊張不安地坐在椅子上。

但講完後，他突然說了一句出人意料的話：「現在，我已經說了我的想法……現在，我準備聽大家講了。」緊張的氣氛一下子消失了。我注意到大家（團隊成員、領導者和行銷經理）都鬆了口氣。好像他需要先講出自己的想法，然後才能接受新的東西。這就像在和夥伴吵架時，我們會在沒有觸及問題核心的情況下，連續幾小時毫無成效地討論一些枝微末節。直到最後，其中一個人拋出主要的核心問題，並把它擺到檯面上，真正的對話才算開始……這個專案也是如此。從那一刻起，行銷經理更積極地接受了新的方向，團隊也採納了他的一些重要意見。工作坊產生了比第一天更有效的新意義和產品概念。

事情的本質是，行銷經理恰恰需要遵循與團隊相同的一條道路：從自己出發。工作坊的議程是由外而內的，即一開始就**向他**說明團隊的願景，但他需要的是由內而外。因此，議程的第一步應該從行銷經理的發言——「先講一講**我**認為人們會喜愛什麼東西」開始。

製作蘊含真愛的禮物

在意萬物間章法的傢伙

決不會全心全意地親吻你

——E. E. 康明斯（E. E. Cummings）[21]

現在，我希望沒有傳遞任何會造成誤導的資訊。我已經說明了，當說到意義時，每個人都已經有了其無法避免的初始假設：一種什麼可能對人們有意義的潛在理解。然而，我並不是說，這些模糊的假設是我們要反對的**消極**成見。我們把它們取出來並不只是為了清空自己，為新的見解創造一個內在的空間。我們的初始假設有**積極**的價值。我們需要它們。[22]

我們再來回顧史帝夫．沃茲尼克的評論：「人們絕不會愛你自己都不愛的產品。如果你自己不愛它，人們會感覺得到……也會聞得到……」

在以使用者為中心的創新領域，這句話會被視為對創新的褻瀆。我們是為了使用者而不是為我們自己設計，為什麼使用者應該喜愛我們喜愛的東西？

確實如此。沃茲尼克針對的是不同的情況。我們不妨來更仔細地研究一下他的想法。他沒有說使用者會喜愛我們喜愛的東西，而是說使用者**不會**喜愛我們不喜愛的東西。換句話說，這是一個**必要**但**不充分**的條件：我們必須提出我們喜愛的東西，但這並不意味著人們一定會愛上它，人們愛上它還需要其他條件（我們將在下一章中討論）；但我們自己喜愛是必要的基礎，是最基本的出發點。

沃茲尼克觸動了使用者的心。我們每個人都是產品的使用者。我們知道，我們很難愛上那些僅僅是因為需要而設計的產品。如果創造的東西只是為了征服我們的愛，我們就會聞到；我們能從設計者那裡聞到缺乏真愛。在缺乏更有意義的其他選擇時，我們可能會購買這些產品。這些產品的性能可能會很好，它們也很有用，但我們並不會愛上它們。這意味著，一旦找到性能更好的產品，我們就會把它換掉。我們不停地換，直到發現有意義，並確實能讓我們愛上的東西。

要讓我們愛上產品，我們需要看到愛，真正的愛。我們經常可以從對細節的關注中看到真愛。我們只有在看到**之後**才能**發現**其價值，然後會說：「哇……我沒有想到這一點，這多好呀！」

我們不妨來想一想購買 Nest Labs 恆溫器的體驗。你把它帶回家，打開包裝，發現這個圓形的裝置，就像庫伯力克（Kubrick）的電影《2001 太空漫遊》中的 HAL9000 型電腦那樣盯著你。你微微一笑……HAL9000……第一台真正具有人類情感的電腦……在市場上推出這種恆溫器真好。不過，你還是感到緊張。「沒有專家幫助，我能否拆卸舊恆溫器，並換上這個新恆溫器？那會是一場自己 DIY 的噩夢嗎？如果我安裝失敗，最終請求幫助，我的孩子會怎麼想？」作為一個沒有自信的父親，當滿腦子都是這些想法時，你會突然轉憂為喜。因為，恆溫器的包裝裡有一把十字螺絲刀，包括四種不同的刀頭，還有……「順便說一句，它的設計很酷，這比普通螺絲刀好多了。Nest Labs 將進軍工具產業嗎？它們應該進軍！不管怎樣，我會把它放在我的日常背包裡……你永遠不會知道這一點。」你欣喜地說。然後，你會發現安裝指南中提供了標有字母（W1、Y1 等）的藍色標籤，你可以把它們貼在舊恆溫器的電線上，然後再將其從牆上拆下，以確保接線正確……Nest Labs 恆溫器是了解什麼對人們真正有意義的傑作。「太棒了！孩子會相信我是個很棒的電工。」

從蘋果公司對其產品細節的狂熱關注上，我們聞到了同樣的愛：筆記型電腦 MacBook Air 精緻的曲線，iOS 系統的優美字體。我們聞到了源於蘋果公司設計師和管理者喜愛的芬芳。我們聞到了「不必要」突然變得「必要」的驚喜，因為有人向我們展示了它。

如果我們仔細研究沃茲尼克的話，就會發現另一個告誡。他並沒有說：「你必須為自己設計東西。」他仍邀請我們為別人設計，但是我們應該從**我們希望人們會喜愛什麼**出發。

我用一個隱喻來解釋，設計有意義的產品就像製作禮物。製作征服人的禮物和富有真愛的禮物有著深刻的區別。著名小說家約翰．葛林（John Green）在他 32 歲生日的時候製作了一個短片。靈感來源於一個意想不到也不可思議的禮物，也就是蓋瑞．布塞（Gary Busey）家的一幅滑稽的、圖像模糊的照片。在影片中，格林解釋了我們為什麼以及如何創造東西：「為人們努力製作禮物，是因為希望這些人會關注並喜愛這些禮物。」[23]

製作禮物的時候，**我們**會考慮接受者可能喜愛什麼。我們不會問她（但有時可能會問，在這種情況下，接受者可能會使用它，但不會喜愛它）。我們不應該因為我們必須送禮物而製作禮物（不幸的是，這種情況往往更多些，其必然的結果是，接受者會把我們的禮物塞在閒置的櫃子裡，或再送給別人）。我們製作禮物是因為我們自己對製作禮物這件事感到興奮。所以，**禮物是為了別人**（而不是為我們自己）**而做，但製作禮物的行為是為了我們自己**。在這種情況下，我們就創造了意義。在看到禮物之前，人們會聞到你的愛。

更深層地關懷使用者

你得到了你想要的，
而非你所需要的。

——酷玩樂隊《修補你的心》（*Fix You*）[24]

在 2005 年著名的歌曲《修補你的心》中，酷玩樂隊演繹了人生中某些最艱難的體驗：「當你竭盡所能，卻只能鎩羽而歸……當你錯失某些你永遠無法挽回……當你愛一個人最後卻苦心煞費。」我傾聽這首抒情歌曲時，在這首歌所描述的這些艱難的事情中，有一件事總是讓我感到很驚訝：「當你得到了你想要的而非你所需要的……」迷人、讓人驚訝、害怕，而且它非常真實。如果我們想要的東西對我們的生活無用，那麼得到我們想要的就可能是生命中最糟糕的一件事情。

這幾句話抓住了意義創新的本質。在前一節中我們說到，只是給人們想要的東西，很難使他們墜入愛河。在這裡，我再補充一點：給人們想要的東西不僅不會使人們愛上它，而且可能確實會對他們**有害**，除非給人們的是有意義的好東西。

每次我們向人們提供某種東西，如產品和服務等，都會對他們的生活產生影響。我們所做的事關道德。

現在，在解決方案創新的背景下，在解決問題的過程中，我們可以忽略這一道德維度。事實上，我們在影響現有的價值參數和現有的原因。我們不去判斷這些參數的好壞，只是集中精力尋找其中更好的解決方案。如果放射科醫師想要功能更強大的電腦輔助斷層掃描器，以便獲取更好的圖片，我們會尋求增強電腦輔助斷層掃描器功能的解決方案和技術。從本質上講，我們強化了現有的道德性。[25]

但在我們想要創新事物的意義時，我們無法回避這一道德維度。因為我們要創新的就是價值參數，也就是理由本身。我們改變了判斷好壞的標準。如果醫療成像的品質不是取決於機器的功能（原來的價值參數），而是取決於使患者更放鬆的程度，以便他們在掃描期間保持不動（新的價值參數），那結果會怎樣？在設計醫療保健環境體驗系統時，飛利浦就面臨這一問題。這是一個道德問題，關於什麼對人們（放射科醫師和病人）有益的道德問題。

那麼誰來決定什麼是好的呢？最終自然是顧客。

正如酷玩樂隊唱的那樣，人們想要的並不一定對他們有利，那麼應該由誰來提出建議，提供新的選擇方案？只能是我們。

《修補你的心》是酷玩樂隊歌手的前妻葛妮絲·派特羅在她父親去世時創作的。歌詞與父親（或更普遍的父母）的聯繫並不是偶然的。父母在孩子的生活中發揮了重要的作用：支持她尋求意義。那怎麼做才是最好的？怎麼做才是有意義的？他不是從孩子出發、從孩子想要的東西出發，而是從他自己出發，深刻思考他認為對孩子有益的事情。如果孩子需要糖果，也許他可以提供一些好吃、但更健康的糖果。

飛利浦設計部前任首席執行長兼首席創意總監史丹伐諾·馬沙諾，是醫療保健環境體驗系統的主要創建者之一。他用類似的隱喻來詮釋為什麼意義創新的過程應該由內而外：「使用者不是一直知道他們想要什麼……我們**應**提出新的願景，而不是簡單地按照市場需求提供產品和服務。我用『好父親』作隱喻，他不是給孩子想要的東西，而是更有意義的東西。**好父親追求的是願景。**」[26]

即使放射科醫師需要功能更強大的掃描器，飛利浦仍然建議，透過改善醫院環境和患者（特別是兒童）體驗，可以獲取更好的圖像。事實證明，放射科醫生喜歡這個新系統，因為在這樣的環境中，兒童不害怕檢查、工作人員感到安心，檢查過程也就更迅速、順利。

馬沙諾告訴我們一件重要的事情。如果我們由內而外創新，從我們認為有意義的東西出發，這並不意味著我們不關心使用者，也並不意味著家長作風和態度傲慢（「我比你更了解什麼最適合你」）。完全不是這樣的。如果我們從自己出發，從自己的願景出發，我們是在為使用者提供**更深層次的關懷**，或對使用者更好。我們就像好父親一樣，在乎這個人、對這個人有責任。使用者確實希望我們提出一個有意義的選擇方案，然後再讓他自己做決定。對一個孩子來說，具有關懷願景的父親比沒有這種願景的父親好多了。[27]

如果我們深入思考這一點，就會明白這就是意義創新的偉大之處：它給了我們一個機會，讓我們（不然，還有誰可以？）能發現一個更有意義的世界。為了更美好的世界，提出我們的願景設想。蓋瑞．哈默爾最近撰寫了一篇文章，題為〈創新始於內心，而不是頭腦〉（Innovation Starts with the Heart，Not the Head）。他說：「如果你想創新，**你**就需要靈感，你的**同事**需要靈感，最終，你的**顧客**也需要靈感。社會和經濟方面的最佳創新來自追求崇高和永恆的理想——快樂、智慧、美麗、真理、平等、共用、持續，最重要的是愛。這些是我們生活的目的，真正重要的創新是能提升生活的創新。這就是為什麼創新的核心是對**重塑**世界的渴望。」[28]

我們期待有一種神祕的能量，這種能量使我們每天早上醒來後，不怕路途遙遠，趕去上班，並感覺良好。這就是賽門．西奈克在暢銷書《先問，為什麼？》（*Start with Why*）中所討論的「為何」。[29]「為何」把「我們是誰」和「我們的顧客是誰」聯繫起來，把人與人聯繫起來。

瑪麗亞．波普娃（Maria Popova）是一位作家。她在自己的網站「智慧選擇」（BrainPickings）上發表了尋找生活意義方面的反思和理論。這些分享激動人心，她雄辯地闡述：「創造財富並不是給人們想要的東西，而是透過理解什麼是**值得**

擁有的，幫助他們確定究竟**想要**什麼。產品銷售涉及道德因素……如果我們沒有在所做的事情上投入太多，那麼我們為什麼還要費心去做呢？這些事情包括**我們**自己所相信的、**我們**希望存在的，以及**我們**希望推動世界前進的方向。」[30]

我們希望人們會喜愛什麼

在本章中，我們已經認識到，意義創新與解決方案創新不同，意義創新是由內而外的。我們需要從我們的假設出發，從**我們希望人們會喜愛什麼**出發。為什麼？首先，在任何情況下，這些假設都是存在的，如果沒有被揭示出來，它們就會默默地引導我們去詮釋我們需要詮釋的東西。其次，人們絕不會愛上我們自己都不愛的禮物。最後，我們有責任提出我們認為更有意義的東西。

因此，意義創新的過程應該從我們自己的組織出發，從這個問題出發：**我們希望人們會喜愛什麼？**（如圖 4-4 所示）

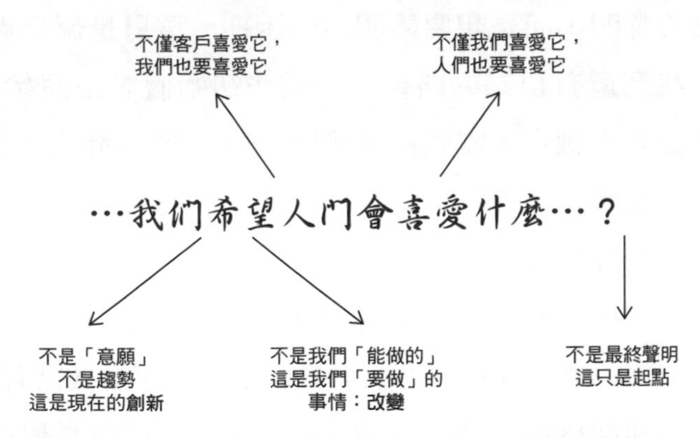

圖 4-4　「我們希望人們會喜愛什麼」 的真正含義。

這與單純的「我們喜愛什麼」不同，我們在設想**顧客**會喜愛什麼。

這也與單純的「顧客喜愛什麼」不同，而是從我們希望他們會喜愛什麼出發。這就整合了我們認為有意義的東西和他們認為有意義的東西。

這也不同於「我們能為人們喜愛的東西**做什麼**」，這並不是從我們的核心能力出發的。我們不是在談論為顧客提供我們擅長的、基於資源的戰略；[31] 我們是在談論我們希望追求的**新**願景。我們可能需要**改變**我們的核心能力來實現這一目標。

這也不同於「我們希望人們**將來**會喜愛什麼」。這不是預測，也不是趨勢分析（在這個不可預測的多種事物共存的世界中，還有可能討論趨勢嗎）。這裡講的是現在。因為現在正在發生變化，人們正在尋找新的意義（競爭對手也在尋找新的意義）。

這也不同於「**這就是**我們希望人們會喜愛的東西！」。這不是最終聲明，而是想要弄明白的困惑。這只是反思過程的開始，我們還有很長的路要走。這些初始假設是原始要素，將與其他要素融合、需要接受挑戰並創造成為產品意義的全新詮釋。我們在過程結束時將達成的東西與我們出發時的東西會有很大的不同。

如果沒有這些基本要素，那就什麼都不會出現。它們是很有價值的。**意義創新不需要天真的頭腦，而需要富有遠見、充滿假設和願望的頭腦**。我們前面介紹的詮釋學哲學家高達美頌揚了「遠見」或「預見的重要性」。根據高達美的說法，「遠見」是視野範圍，是從一個特定的視角所看到的一切。一個沒有遠見的人就會看不長遠，會高估現有的東西，而有遠見就意味著能夠超越眼前的東西。[32] 把我們和我們所遇到的其他人的不同遠見融合起來，最終就會形成新的詮釋。但如果沒有可融合的東西，沒有可整合的因素，那就不會有新的詮釋。

關於「從我們自己出發，從我們的初始假設出發」的重要性，繪畫也許是個最恰當的比喻。在《換一雙眼睛散步去》一書的結尾，亞莉珊卓・霍洛維茨對此進行了巧妙的描述。行程結束時，她帶著十一個專家走過了街區。她回顧了自己預見的作用。該預見是她在與外部人員見面**之前**，自己第一次單獨散步時形成的。「我現在感覺自己最初的獨立行走就像是油畫的色底，即畫布上的第一層顏料。」[33] 然後添加新的顏料（與外部人員會面後形成的新詮釋），但它們不會完全取消或覆蓋底層的顏料。在許多繪畫作品中，即使是色彩濃重的作品，底色仍然會透過新色層的縫隙閃現。然而，現在它具有了全新的意義。「縫隙的意義發生了變化，因為其周圍畫面發生了變化。現在未上顏料的空白部分周圍塗上了粉紅色和紅色，而這些顏料繪成了肖像主體的鼻子、耳朵或眼睛；未塗顏料的空白部分則變成了鼻孔、內耳或眼角，而不再是底層了。」我們的初始假設還在那裡，我們也許還能聞到它們的味道。最終配製的東西，其成分混合融化到了一起，有其獨特的味道。

現在的關鍵是如何在底色上繪製新的色層，這樣，最終的結果就是一幅人們會喜愛的有意義的畫作。因此，我們需要第二個原則。現在就讓我們來翻開新的一頁。

第五章

批評的藝術：探尋更深層次的願景

The Art of Criticism: The Quest for a Deeper Vision

「我們將來怎麼賺錢？」微軟首席執行長史帝夫·巴爾默問道。「讓我告訴你這為什麼行不通。」[1]

一九九九年的夏天，雷德－威斯特（Red West）的小型會議室裡，史帝夫·巴爾默面前坐著四名員工，其中有人才剛被僱用沒多久。這四名員工提出了一個可以徹底改變微軟電子遊戲業務策略的創意：創建一台獨立於視窗系統的新型遊樂器。

在微軟，數位遊戲產業方面的創意已經不新鮮了。多年來，微軟一直都在尋求各種創意方案。例如，微軟發布了一款 Direct X 軟體工具，讓遊戲開發者能夠創建在個人電腦上玩的遊戲。微軟內部已經組建了專門的部門來設計電腦遊戲。所有這些解決方案都是為了維持公司現有的願景：人們應該透過個人電腦，也就是視窗系統，來做一切事情，當然也包括玩電腦遊戲。但迄今為止，這一戰略幾乎沒有成功過。實際上，個人電腦是遊戲的一個限制因素。對於青少年而言，在個人電腦上玩遊戲的速度慢，有時會讓他們感到沮喪（個人電腦系統容易當掉），而且大多時候只能自己玩（遊戲者只能盯著小型電腦螢幕，一個人和電腦玩）。遊戲者甚至在玩遊戲前還要花個幾分鐘等待電腦載入程式。遊戲開發者面臨個人電腦只能運作有限種類遊戲（比較常見的是戰略部署遊戲或射擊類遊戲）的問題，個人電腦運作的多種硬體平台的生命週期極短。技術複雜性導致遊戲開發者無法完全專注於遊戲設計的創新。

當微軟力圖解決這個問題時，這四名員工提出了一項大膽的建議：遊戲是門高雅的藝術，遊戲開發者就是藝術家。他們認為，微軟需要給遊戲開發者提供最好的「畫布」，讓遊戲開發者在創作遊戲時，可以自由地表達他們的藝術，不需要進行任何妥協，從而使技術不再成為約束條件。（實際上，根據他們的創意研發出的 Xbox 成了「第一台強調遊戲開發者重要性的遊樂器」。）[2]

這一提議有很重大的意義：這並不是一個基於視窗系統的普通創作平台，而是一個為遊戲開發者特別設計的遊戲專業創作平台，這也是視窗系統過去一直沒有做到的。他們的願景已經完全脫離了微軟現在的方向。

讓青少年遠離個人電腦？！遠離視窗系統？！巴爾默召開這次議就是為了諷刺這四名員工，他用挖苦的語氣大聲地自言自語，「我知道，我知道，你們的想法是世界上最好的！這能賺幾十億美元！這是有史以來最好的創意！這也要做，那也要做」、「讓我來告訴你們為什麼這不能奏效」。接著，他突然又嚴肅起來，拿起筆走到白板前，就像一位站在年輕學生面前的教授，要他們給出資料，並連珠炮似地提出問題。在分析了他們提供的資料後，巴爾默斷言：「你們少算了 100 美元。」一名團隊成員回憶道：「他想表示我們很傻。」[3]

然而，這四名員工還是沒有放棄他們的願景。

兩年後，他們最終根據自己這大膽而不成熟的提議製作出了產品——Xbox。這徹底改變微軟對電子遊戲產業的願景，而且還真的賺了數十億美元。

我並不熱衷於電子遊戲，但開發 Xbox 的故事讓我感到既困惑又有趣。這是個令人印象深刻的轉型案例。在開發 Xbox 之前，軟體業巨頭微軟向來只關注軟體，對企業顧客和生產力應用軟體有很強的掌控能力，卻採納了整合硬體、年輕消費群和娛樂的新提議。更令人驚訝的是，最終推出的產品 Xbox 採用了與視窗不相容的作業系統。我們都知道，視窗系統是微軟神祕、不容質疑和改變的核心資產。這怎麼可能？這種質疑了微軟價值觀的奇怪願景，在提出時為什麼沒有馬上被否決？甚至在連高層都沒有看到其價值並想將其扼殺時，也沒有遭到否決？

意義創新基於兩個原則。第一個在前一章已經介紹過了：意義創新需要由內而外（實際上，Xbox 也是一樣的，讓 Xbox 成為遊戲藝術家「畫布」的新意義，就來自於微軟內部四個激情澎湃的叛逆者）。但這僅是剛剛開始而已，只是原始要素。如何確保這些初始假設最終會對人們有意義？如何避免停留於我們自己的假設？如何接受其他人的願景而不扼殺它們？如何用其他人的理解去補充我們的理解，並將早期的模糊想法轉化為對人們和企業的價值？

Xbox 的故事及我們在本章要討論的其他案例，將揭示意義創新需要的第二個原則：**批評**的藝術。

我知道，「批評」這個詞可能會嚇到你。實際上，在過去的十五年裡，主流創新理論妖魔化了「批評」這個詞，將其作為應該取締的不利因素。在解決方案創新方面，這可能是對的。但我們會發現，在尋找新的意義時卻恰恰相反：我們更需要的是批評，而不是創造創意。

不過，我們需要的是一種特殊的批評。這種批評不是傳統創新研究中記載並禁止的那種破壞性的負面批評，而是停下來進行更深層次反思的能力。這種批評是為了質疑我們自己及其他人的假設。為了找到更強有力的新詮釋，我們需要讓不同的觀點進行碰撞。這種批評是為整個創新過程提供能量的引擎。這也是一種機制，可以將我們開始時模糊的內部假設，轉化為人們喜愛的強有力的最終願景。

批評是一種藝術。不幸的是，我們很少培養這種藝術。現在讓我們來探討，如何透過研究幾個案例來踐行這門藝術。我們需要一步一步地推進，現在先來討論另一個創造性解決問題的迷思：創造創意。

審視創意迷思

> 為了重獲新生，我們必須重新審視我們的迷思。無論是個人迷思還是集體迷思，我們必須讓它們接受批評……從而完善我們詮釋生命的思想。
>
> ——翁貝托．加林貝蒂（Umberto Galimberti）[4]

「噹！」的鈴聲響起，這是一種特殊的車鈴，是繫在IDEO 設計師彼得．斯基爾曼（Peter Skillman）手腕上的一種自行車車鈴。我在第四章中談到過，在廣受歡迎的美國廣播公司《夜間連線》節目的《深潛》中，彼得介紹了腦力激盪會議。在第一天的工作坊上，團隊收集了使用者對於如何使用購物車的見解。在第二天，大家將參與創意的創造。牆上的標語提醒參與者有關腦力激盪的基本規則。例如，「鼓勵瘋狂的創意」或者「推遲做出判斷」。斯基爾曼搖了一下手腕上的鈴鐺，並解釋：「對人們來說，最難的事情就是**克制自己不去批評創意**。」因此，如果有人開始抨擊某個創意，他就會用鈴聲警告他。

這是我第二次在討論創新思想的迷思時提到IDEO了。你們可能會認為我是不是反感、甚至厭惡IDEO，我其實並沒有這個意思。

實際上，我相信它們很聰明，並富有創造力。我曾經在課堂上引用它們的思想及腦力激盪的影片（《深潛》）來解釋什麼是創造性解決問題。它們展示的過程與方法十分有效。簡而言之，它們關注的是解決方案創新，與我現在所關注的創新是截然不同的。

在這裡，我提到IDEO主要是因為我們應該從差異中學習。我們需要一個比較和參照來理解意義創新的過程。IDEO專注於創造性解決問題，加上其對創新思想的影響力，所以是一個完美的比較對象。之所以說完美，是因為聰明機智的人知道，只有透過批判性思考才能取得進步，而這一章**正是**介紹批判性思考的。

批評，是繫在彼得·斯基爾曼手腕上的車鈴的敵人，是創造創意的敵人。

在近數十年間，創造創意確實已經成為創新研究中的第二個迷思。這僅次於由外而內創新的迷思，甚至更為強

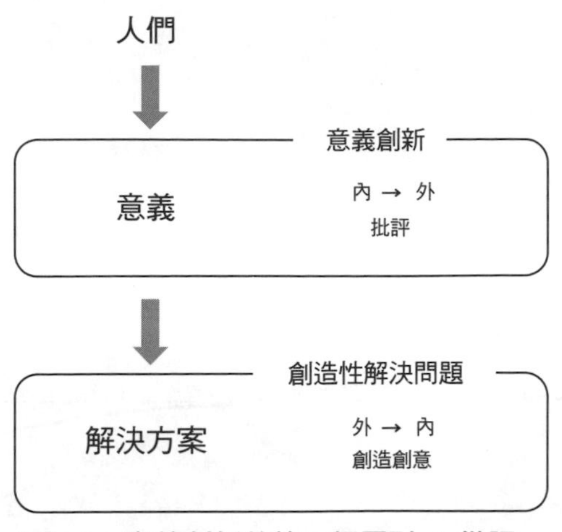

圖 5-1　意義創新的第二個原則：批評。

大。如果我們看看創新類書籍的書封上反覆出現的主題：燈泡（其實，創新書籍的封面設計確實不是很有創意），就會發現，創造創意確實是我們一直關注的主要焦點。在某種程度上，對許多人而言，「創新」的意思就是「尋找創意」。例如，我們看到它在腦力激盪的廣泛擴散中作為一種創新工具。

從更廣泛的意義上來說，近幾十年來，我們的整個文化體系都傾向於讚賞創造創意，而嚴禁批評。圖 5-2 展示了在第二次世界大戰後出版的書籍中出現「創造創意」這個詞語的頻率。我們可以看到，這個詞語出現的頻率持續呈現大幅增長（最近幾年有穩定的趨勢，可能是這一迷思將逐漸消失的早期跡象）。與此相反，「批評」則漸漸消失在我們的文化與論述交流中（除了 1960 年代後期有所增長，那段時間是急劇變化的社會革命和文化意義變革時期）。

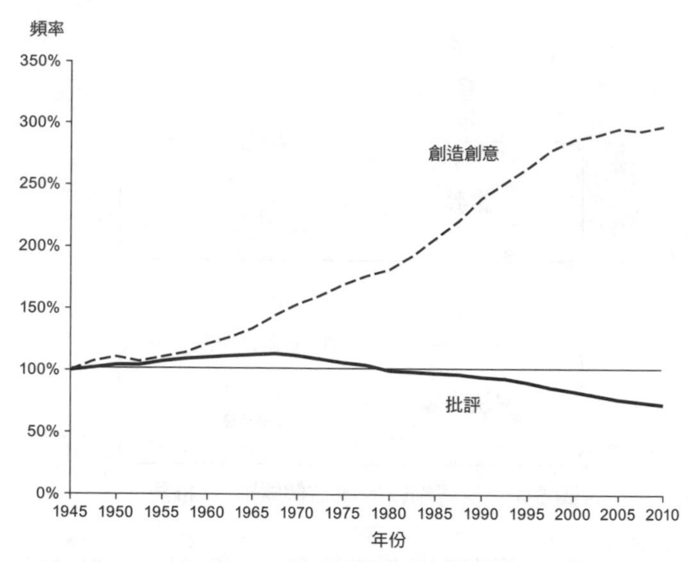

圖 5-2　第二次世界大戰後，「創造創意」與「批評」兩個詞在已出版的書籍中出現的頻率（以 1945 年作為基準）。

資料來源：Google Books Ngram Viewers

尤其在管理領域，對創造創意的日益重視是非常必要的。但就像由外而內創新的情況一樣，它逐漸成了一個不容質疑的迷思。這基於兩個不可批評的假設：其一，在創新中最**難**發現的是好創意；其二，創意**越多**，就越有可能找到好創意。而現在，這一迷思開始動搖了。

首先是因為其本身的成功。我在第三章中說明了，由於這些年來人們和組織的創新能力大幅提升，我們生活在一個充滿創意的世界。所以，這一迷思越成功、越普及，就越會導致第一個假設的消失。在我們這個充滿創新和聯繫的複雜社會中，難找的不是好創意，而是**理解**大量機會的能力：找到有效願景、詮釋和意義的能力。

當要找出事物的意義時，第二個假設也會消失。如果我們可以輕而易舉地用某個尺度去評估它們的價值，找到幾個創意當然是好事。我們在尋找解決方案時，這一尺度是存在的（還記得圖 4-2 中的球和笑臉嗎？），而在尋找新意義的時候卻不是如此。因為我們想創造的**就是**尺度，即用於判斷的新標準。在意義創新中，我們不能「推遲」判斷，因為判斷就是**創造**過程的一部分。這就是我們所要創造的東西：一種理解事物意義的新方法。[5]

創造性批評

> 充滿智慧的挑戰比消極的同意更有樂趣。因為，如果你看重智慧，就應該知道，相對於後者，前者代表了更深層次的認可。
>
> ——伯特蘭．羅素[6]

因此，創造創意不是意義創新的核心要素。我們並不需要更多的創意，我們需要更好的詮釋，而批評才是達到這一目的的途徑。

◎什麼是批評

雖然批評經常給人一種負面的感覺，但實際上它並沒有什麼特定的負面或正面的傾向，而是**更深入地**詮釋事物的行為。影評人並不一定會做負面評論，他只是幫助我們更好地理解藝術作品的內容。有些評論是正面的，有些是負面的，有些則兩者兼有。但優秀的評論總是深刻的，因為它力圖揭**露事物表面之下的東西**。那應該怎麼做出深刻的批評呢？透過採取特定的**姿態**，一種立場。

批評是透過不同觀點的**碰撞**來加深認知的行為。碰撞不是為了破壞，不是為了證明誰對誰錯，也不是為了取得論戰的勝利，而是為了獲取更豐富、更可靠的詮釋。它**強調多種不同觀點**之間的差異，從而**找到潛在的聯繫**。如果兩個人對事物的理解不同，而兩人又都很優秀聰明，那麼產生差異是有原因的。可能是事物表面之下所蘊藏著的本質性的東西，即個體不能單獨全面掌握**新的**巨大機會。因為每個人都有自己特定的角度，只能看到事物的一**面**，而且大多數情況下，只有在受到批評之後才能充分掌握自己立場角度的優點。所以，批評使我們能找到更深層次的新詮釋。

◎為什麼我們需要批評：挑戰「內在假設」

意義創新需要批評有兩個原因。第一個原因是意義創新是**由內而外**的。在第四章，我們說明了意義創新需要從我們自身出發，從「我們希望人們會喜愛什麼」出發。因為，在面對意義的時候，沒有人會是張白紙。眾所周知，對於可能對人們有意義的東西，我們都有自己的潛在假設，都有自己的「立場」。

但如果從自身的立場出發，我們就需要保證不陷入自己的牛角尖。批評恰恰能夠說明我們避免這種情況。透過接受別人對我們最初提議的批評，我們可以使自己和其他人更深入地**探索我們假設背後的潛在假設**。我們通常都沒有意識到這種潛在假設。它們可能來自我們過去生活中的經驗，也就是那些我們認為理所當然的東西。

在史帝夫・巴爾默面前，微軟的四個叛逆者提出了「遊戲設計是門高級藝術」的願景。他們最初認為，遊戲開發者不應該支付使用費。而索尼和任天堂向開發者收取每個遊戲七美元的使用費。在叛逆者的新願景中，開發者是藝術家，不是顧客，所以他們認為不收使用費的政策會吸引最好的遊戲開發者。但最早的批評（來自微軟的其他人和外部專家）揭露了一個不同的視角：最好的遊戲開發者實際上更願意支付使用費，因為使用費的設計能踢掉那些業餘愛好者。如果遊戲開發成了一門藝術，就需要開發者對藝術有更深入的投入與掌握。遊戲藝術家認為，使用費是一種確保承諾投入和掌握的方法。[7]Xbox團隊意識到了自己的假設是錯的（這種假設可能源於微軟在個人電腦遊戲業務積累的經驗，遊戲開發者不需要支付使用費），於是，他們改進了自己的理解，開始認同使用費的重要性（對史帝夫・巴爾默的財務預算而言，這也是件值得高興的事情）。遊戲設計是一門高雅藝術的願景並沒有什麼改變，但其內涵更豐富、更深入了。

因此，意義創新需要批評的第一個原因，是要避免我們停留在自己的詮釋框架中。批評是一種**挑戰**我們認知框架的方式，而我們的認知框架通常是隱性的，是建立在過去經驗之上的。批評是一種讓我們超越認知局限的方法，可以明確我們的假設，擺脫可能不再有意義的過去經驗。用加林貝蒂的話來說就是「**消除**我們用來闡釋生活的觀念」。組織變革心理學認為，批評是一種可以幫助人們解除舊體系、創造內部空間，來推進不同組織安排的強大方式。[8]

◎為什麼我們需要批評：創造新的意義

這是需要批評的第二個原因，也是更重要的原因：批評不僅使我們超越過去，還能使我們**創造新事物**。

我們提出新願景的時候，往往只是從一個模糊的假設出發。我們最初的提議是模糊不清的，只是一個**方向感**，其價值與意義基本上是模糊的。不僅對別人來說是模糊的，對自己而言更是如此。

當微軟的四個叛逆者提出「遊戲開發是一門高雅藝術」的願景時，他們並不知道這到底意味著什麼，甚至沒有一個共同的詮釋。其中兩個人認為視窗系統仍然應該是這個創新平台的核心，而另外兩個人則已準備拋開視窗系統了。在初次見面時，他們只是交流了對微軟當時的遊戲開發策略的不滿，並提出了一個相似的方向：遊戲開發者應該面對更少的技術限制。

最初的模糊是正常的，願景不會一出現就清晰完整。提出假設只是第一步。這些假設猶如弱小的嬰兒，如果想更深入，我們就得讓它們成長。我們需要把這些模糊的假設轉化成為有意義的新願景：強勁、豐富並受人們喜愛。

這就是批評的核心作用：批評帶領我們進行**探索**之旅，

創造更強有力的新意義。在探索之旅中，透過不同觀點的碰撞，我們更深入地尋找潛在聯繫、新的理解和新的詮釋。這是創造願景和判斷**同時**發生的**創新**過程。我們最初的假設只是激發了創新的火花和開啟了對話。此後，新的詮釋是**透過**判斷創造起來的。如果我們不斷地仔細重複幾次、增加新的觀點，那麼最終就很有可能產生深入人心的意義。

因此，我們現在討論的是批評的最終本質：批評的目的不僅是**挑戰**過去，最重要的是**創造**新的意義。

不過，這是很微妙的過程，需要謹慎應對。因為這建立在緊張關係的基礎上，錯誤的批評只會扼殺「嬰兒」，只會摧毀偉大願景的潛力，尤其是面對大膽激進而又全新的願景時。

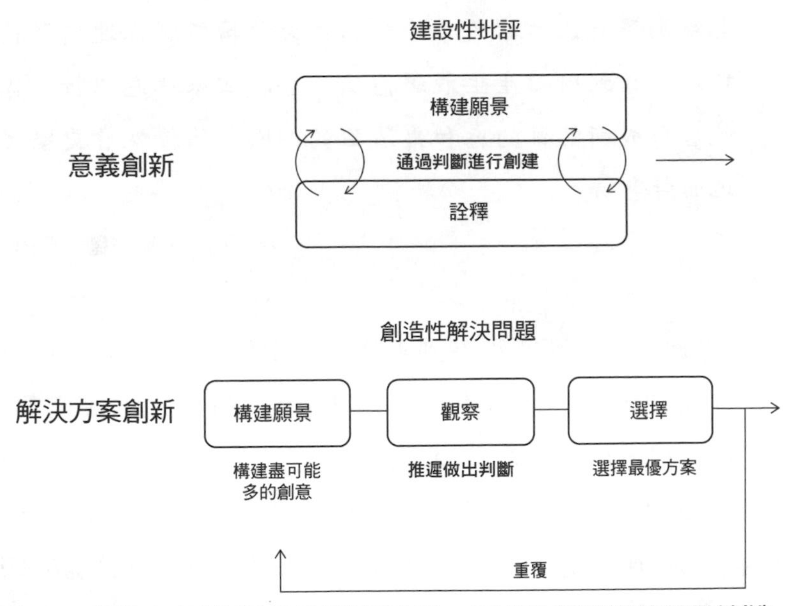

圖 5-3　解決方案創新透過推遲判斷創造；而意義創新則透過判斷創造。

通常這種願景是很脆弱的，更不應該對其進行錯誤的批評。那麼，我們應該怎麼做呢？我們該如何著手探索更深層次的詮釋，如整合創新和批評（顯然這很矛盾）？Xbox的願景在巴爾默的批評後，是如何生存下來，並將微軟推向一個嶄新的世界？

為了回答這些問題，讓我們穿越時空，回到19世紀的巴黎。

批評改變世界

> 沒有比不斷的意見碰撞更有趣的了，你的大腦會一直處於懷疑狀態，在激勵對方進行真誠無私的探究的同時，也激勵了自己。你內心隱含的巨大熱情能讓你連續堅持幾週，直到內心產生最終想法。每次回家休息以後，你就會形成新的目的感和更清醒的頭腦，然後就會更堅定地面對爭論。
>
> ——克勞德・莫內[9]

「你瘋了！」西斯萊看到雷諾瓦的畫作，驚叫道，「你怎麼把樹畫成藍色，把地畫成紫色？」[10]1864年，法國南部，他們正在楓丹白露的森林裡進行戶外寫生。阿爾弗雷德・西斯萊和皮埃爾・奧古斯特・雷諾瓦經常會在那裡和克勞德・莫內、弗雷德里克・巴齊耶見面。這四個人現在是公認的印象派主要創建者，而在當時，他們只是才20歲出頭、默默無聞的畫家。

當時的藝術發言權是由巴黎美術學院主導的。這是一個政府資助的機構，其主要任務就是培養藝術和鑒別藝術作品的優劣。在當時，大多數優秀作品都是神話題材的古典主義作品。當時的油畫通常是在工作室裡創作，採用細緻的素描、清晰的線條與柔和的色調。而愛德華·馬奈於 1863 年創作的油畫作品《草地上的午餐》違背了這一傳統。這幅作品描繪了當時的社會現象：兩位穿戴整齊的中產階級男人和一名裸體女人在樹林裡午餐。這幅畫採用了類似素描的手法以及鮮明的色彩對比。當時巴黎一年一度的藝術沙龍拒絕接受這幅作品，媒體也嘲笑這幅作品的淫穢下流和粗製濫造。

在這一背景下，當時還是巴黎某間畫室見習生的莫內、雷諾瓦、西斯萊、巴齊耶四人相識了。他們還只是初出茅廬的畫家。雖然他們早期的藝術創作和後來的印象派作品幾乎沒有什麼共同之處，但他們都與藝術組織之間存在疏離感，喜歡探索更現實的油畫。他們熱衷於嘲笑偏愛古典和理想風格的老師，因此，老師經常貶低他們的作品，還把莫內列為叛逆的學生。莫內確實是最大膽而不守紀律的人，也是四個人中最有魅力的。正是莫內邀請其他三人去楓丹白露的森林戶外寫生。當時的學院派不支持戶外寫生。雷諾瓦就在這裡做了一次不同尋常的試驗：在繪畫作品中，把樹木塗成藍色，把地面畫成紫色。在學校的時候，老師教導他們用深色（瀝青和煙草汁）來描繪陰影，但是雷諾瓦想要捕捉他雙眼所看到的東西。雷諾瓦曾經回憶道：「我嘗試表現照在樹上、陰影裡和地上的光線在我眼前真實展現的顏色。」[11] 真正展現在他眼前的就是藍色和紫色。他大膽地向西斯萊展示了自己的實驗。西斯萊是四個人中與他關係最密切的。雷諾瓦發現，與親密的朋友分享自己的古怪試驗比較容易。西斯萊的第一反應非常震驚，但後來他自己也做了相似的實驗，而最終他採用了這種創新。兩人晚上在小酒館與莫內和巴齊耶碰面的時候轉達了自己的想法。這是他們在繪畫革命中邁出的另外一小步。批評可以激勵創新之旅的實踐。

紐約州立大學布法羅分校社會學教授邁克・法雷爾研究了印象派畫家及其他在藝術、科學和政治領域進行突破性創新團體的合作情況。他的著作《協作圈》（*Collaborative Circles*）是這些年我讀過的最受啟發的一本書。[12] 這本書是關於批評如何推動創新的寶貴資訊來源。書中關於印象派畫家的那一章是批評實踐的精髓。

印象主義就像其他激進的意義創新一樣，並不是人們在愉快的腦力激盪會議中互相拍拍肩膀就能得出的結論，而是創作者之間長期建設性爭論交鋒的結果。在孕育真正的新事物時，這是必然的。當你在挑戰迷思的時候，別說一般人了，即使是你最親密的夥伴，也不會靜觀其變；他一定會有所反應。

前面描述的雷諾瓦與西斯萊之間的反應方式（「你瘋了！」）可能是最友善的。法雷爾這樣解釋：「**兩者之間的親密關係**更有利於承擔風險和相互坦白，敢於闖入禁地。」對雷諾瓦來說，西斯萊更像是練習拳擊時的**陪練**：[13] 是值得信任的人，即使露出**破綻**，也不會痛下殺手。不過，拳擊陪練可不會輕輕拍你，而會以重拳回擊。他不是想擊潰你，而是為了讓你變得更強大。你需要他陪你做練習，否則，當遇到更強勁的對手時，你就可能會被擊潰。突破性創意也一樣，你需要直率的回饋、盡可能真誠的批評。[14] 否則，在遇到更嚴厲的批評時，你那古怪不成熟的創意就會被扼殺。

事實上，**後面的互動更加困難**。當四人群體晚上在小酒館碰面時，對話變得更加激烈，但整個群體之間更「充滿火藥味的對話可以使想法更加清晰……白天結伴作畫，晚上討論他們的作品，這些人開始發展和完善創意，這是他們共同願景的基礎」。[15]

他們的團隊在接下來的幾年進一步擴大，形成了一個圈子，其中包括其他畫家，例如卡米耶·畢沙羅、愛德華·馬奈、愛德格·竇加和保羅·塞尚等，另外還有來自不同領域的思想家——小說家、詩人、雕刻家、音樂家，其中最著名的是記者兼作家埃米爾·左拉。每週四的晚上，他們在巴黎的蓋爾波瓦咖啡館舉行例會。在這些規模最大的群體討論中，批評會更激烈。法雷爾寫道：「不像雙人之間的練習合作，在咖啡廳的交流是喧囂、激烈的。」正如莫內在這一節開頭的引言中強而有力的解釋，這些激烈的交鋒是創造新願景的必要組成。他們幫助每個人更深入、更透徹地理解自己的想法，然後創造出更強有力的願景。

在討論過程中，圈子的每個成員都發揮了不同的作用。例如，畢沙羅能夠卓有成效地透過協商取得一致意見。他扮演了中間人的角色，將不同的想法整合成共同的願景。而其他重要成員在**邊界**和極端情況下發揮作用。一方面，有最保守謹慎的畫家，如竇加，崇尚既定的藝術教條。有時，他會被指責削弱了這一群體的原則。另一方面，也有最激進古怪的成員，如保羅・塞尚，他是最叛逆的人，蓄意挑戰既有的藝術教條。這些**邊界標誌者**（boundary marker）具有重要的作用。法雷爾寫道：「比起自己的喜好，群體成員通常能夠更清晰地表達自己反感的東西，他們透過邊界標誌者（極端主義者）的作品和行為來明確自己認為錯誤的東西，從而達成價值觀的共識。」[16]「他們的交流具有對抗性、諷刺性和智慧性，但很少具有破壞性。」[17] 當然，他們並不接受所有的試驗，有些試驗得到了負面反應，並在最終被摒棄。例如，在一次試驗中，他們試圖用調色刀將顏料刮到畫布上，但這項技法最終沒有被採用。

最終，透過不同觀點的不斷**碰撞**和**融合**，群體對創建印象派的革命性願景達成了共識。在主題方面，他們摒棄了歷史、宗教和神話題材，並代之以當時的日常生活和景觀。當代藝術評論家卡斯塔尼亞里（Castagnary）寫道：「還有什麼需要穿越歷史，尋找傳說的庇護？美就在眼前，而不在意識中。」[18] 這是繪畫的**突破性新意義**，也是新的為何（原因）。為了捕捉眼前的美，他們需要新的技術，因此，他們放棄了在畫室繪畫中產生的精確、溫和、理想化的線條，去探尋表現他們捕捉到瞬間的真實光影的畫法。這意味著要在室外快速作畫，關注眼前看到的而不是意識中的東西。「當你到室外繪畫，」莫內說，「要嘗試忘記你眼前的物體，如一棵樹、一座房子、一片田野或其他什麼東西，只想著這裡有個藍色的正方形，這裡有個粉色的長方形，這裡有一道黃色的條紋，就畫你看到的形狀和顏色。」[19] 他們開始使用短的畫刷、鮮明的對比色繪畫，就像波光粼粼的水波賦予了水生命。他們甚至可以快速繪製同一場景的不同畫面，從而捕捉白天光影的變化。

與此同時，他們的畫作仍舊一再被藝術沙龍的評委拒絕。但是這個群體繼續前進，群體內部的碰撞激勵並推動了尋找新願景，外部的反對也進一步強化了他們的動力。他們在這個過程中變得更強大了，最終，他們組織起來，舉辦了自己的展覽。剩下的故事就發生在當代博物館和最昂貴的藝術品拍賣現場了。

激進圈子的批評

> 我遇到了一群人，他們挑戰我，支持我，並改變了我的生活。這是我人生中最美好的時光。
>
> ——喬納森·「謝默斯」·布萊克利（Jonathan “Seamus” Blackley）[20]

法雷爾還講述了運用批評藝術進行突破性創新的許多其他故事，例如，跡象文學社（Inklings）。文學社由一群 1930 年代和 1940 年代的作家組成，他們根據充滿想像力的北歐神話，創作了一系列全新的神話小說，如托爾金創作的《哈比人》和《魔戒》，或C. S. 路易斯創作的《獅子、女巫、魔衣櫥》。另一個例子是西格蒙德．佛洛伊德和威廉．弗利斯開闢的精神分析的早期歷史。在這些故事中，法雷爾說明了如何透過「**批評式互動的建設性移情方式**」成功創造新願景。[21]最有趣的是，這種互動、批評的藝術，主要取決於遇見對的**人**，而非特定的技巧。問題的關鍵不在**如何**批評，而在於**和誰**一起批評。

從這一角度來看，我介紹的內容並不屬於「批判性思維」的理論範疇。該理論的重點在於**個人**如何提高**自己**的批判性思考能力。當然，訓練有素的批判性思維是很重要的，有遠見的領導者往往會透過自我批評形成新的詮釋。然而，當情況很複雜、難以詮釋時，一個人在頭腦中創造「立場」的反思過程就很難奏效了，因而需要在別人的說明下製造緊張氛圍，以在現實生活中遇到蘊藏在其他人內心的「立場」。[22]

法雷爾特別指出，所有在藝術和科學領域的這些突破性轉變，都是由少數思想家所觸發的。事實上，我們在商業世界中也可能會發現類似的情況。Xbox的故事生動地反映了印象派的發展過程。Xbox概念願景的主要創造者喬納森．「謝默斯」．布萊克利說：「Xbox是由一小群熱情而有創造力的人創造和宣導的……而微軟這個偉大的巨人則允許自己被一群相對年輕的員工拉入這一專案中。」[23]史帝夫．巴爾默最初的反應生動顯示了Xbox並不是自上而下推動的結果，但也不是自下而上的創意創造擴散的過程。這主要是由一小部分叛逆者所推動，他們之間沒有正式的工作關係，而是透過非正式的社會關係互相認識。他們對遊戲開發充滿熱情，覺得微軟沒有抓住這一機會。他們開始自發地思考微軟可以如何更有效地在遊戲業務中發揮作用，並應對來自索尼 Playstation 的威脅。他們的這一行為甚至發生在微軟的最高管理階層開始處理這些問題之前。這個小圈子是以四人為中心。

喬納森·「謝默斯」·布萊克利是 1999 年 2 月 9 日加入微軟的新員工。他在數位電子遊戲方面經驗豐富，然而也遇過重大的失敗。他在夢工廠主導開發了《入侵者》（Trespasser），這是與電影《侏羅紀公園》有關的系列電子遊戲，計畫在個人電腦上運行。在製作和模擬現實方面，《入侵者》是個宏大的遊戲，但因其精美的需求對個人電腦系統的要求太高而失敗。在職業生涯遭遇重大挫折後，布萊克利加入微軟。為了能在軟體發展領域重新開始，他不僅帶來了對遊戲天生的熱情和在遊戲開發方面豐富的技術經驗，而且帶來了自己獨到的想法。他認為，電腦及其作業系統不是玩遊戲的有效平台。這是完全不符合微軟現有發展軌跡的古怪想法。布萊克利性格外向，他是開發 Xbox 的叛逆者團隊的核心人物，而且也是唯一堅持到產品發布的人。

凱文·巴克斯（Kevin Bachus）曾是微軟軟體工具 DirectX 的產品行銷經理。這款軟體工具使遊戲設計者能夠開發在個人電腦上運行的遊戲。他在微軟積累了豐富的經驗，並且對遊戲行業非常了解，他為制定 Xbox 的初步商業計畫做出了重大貢獻。他性格內向，但與布萊克利一樣有擺脫個人電腦的極端想法：遊戲不能在通用作業系統上運行。所以，他想創建專門的平台。雖然他之前並不認識布萊克利，但兩人在這個專案中成為親密的朋友，直到 2001 年巴克斯離開微軟。

泰德·阿澤（Ted Hase）以前是微軟開發者關係部經理，負責處理電腦遊戲開發者的關係。他非常了解微軟的組織狀況，說明這個小圈子獲得了高層的初步支持。他關注 Xbox，觀點客觀、溫和。雖然在需要開發新產品方面與布萊克利和巴克斯的理念一致，但他仍然認為個人電腦是個吸引人的平台，因為在這一平台上，遊戲開發者不需要支付使用費。早在 1998 年，他就為微軟思考過低成本電腦的概念——在作業系統中剔除運行遊戲所需之外的所有東西，也就是創建玩遊戲專用的簡易版視窗系統。他性格外向，在 1999 年秋天離開了這個叛逆者團隊，此時團隊已經搭建完畢，他也就回到了自己原本的工作崗位。

奧托·伯克斯（Otto Berkes）以前是 DirectX 團隊中技術精湛的程式設計奇才，尤其是在製圖方面。1998 年，他也開始考慮創建視窗娛樂平台。他是個內向的人。在這一過程中，他與泰德·阿澤關係密切，他們的觀點都比較溫和，想設計一款可以在個人電腦上運行的、專門用於遊戲的簡化版視窗系統（一款視窗娛樂平台）。與阿澤相似的是，他也在 1999 年秋天回到了自己原來的工作崗位。

後來也有其他人陸續加入了這一團隊，但主要負責支援的角色，例如，微軟遊戲事業部的副總裁艾德·弗里斯（Ed Fries）。雖然布萊克利、巴克斯、阿澤和伯克斯都是最早參與創建 Xbox 願景的人，但沒有一個人是高層管理者，也沒有人安排他們來做這項工作。他們只是自發地聚集在一起，因為他們發現他們有共同的興趣和模糊的直覺：有一個讓微軟成為電子遊戲行業重要企業的機會，而要抓住這個機會，必須重新思考雷德蒙德小鎮巨人（即微軟）的一些迷思。這些叛逆者設法將這個模糊的直覺轉變成突破性的願景、明確的方向，並說服微軟的管理高層和組織相信，儘管這與微軟現有的戰略方向背道而馳，但這是一個有前景的方向。

他們組成了我所說的**激進圈子**，這是個存在於正式組織體系之外的緊密合作性重要群體。

之所以稱為「激進」，是因為其推進**激進的新願景**，通常會與企業現有的方向背道而馳。

之所以稱為「圈子」，是因為這是個**穩定**的小群體，而且不對外開放。就像任何圈子一樣，只能「受邀加入」。只邀請那些有相同願望的人創造新方向、新意義。

激進圈子是創建突破性願景的有效途徑，因為它彙集了**關鍵資源**，能夠使初始假設得到發展，把一些零碎的直覺轉變成為強大的願景。

我在這裡說的關鍵資源並不只是經濟資源和社會資本。當然，這些也非常重要，因為在新願景的探索階段，需要預算和交流接觸來進行試驗。[24] 由更多成員構成的圈子會比個體更容易獲得經濟和社會資源。但這些並不是圈子彙集的唯一、或最重要的資源。最寶貴的東西——親密的**鼓勵**和建設性的**批評**，是無形的資源。

◎親密的鼓勵

什麼！你也這麼想？我還以為只有我一個人（是這麼想的）。

——C. S. 路易斯[25]

當一個人在探索與現有主流軌跡相反的突破性方向時，他常常會遭到嘲笑和懷疑，就像史帝夫．巴爾默的反應一樣。最常見的是，古怪的提議起初是不會被人們理解的（甚至對於提議者自己來說也是如此）。這很正常。突破性的探索必然會不斷遭受失敗的困擾。

鼓勵可以幫助提議者忍受探索過程中必然會遇到的挫折和失望。激進圈子的成員就是鼓勵的主要來源，就像那些有幸成為其中一員的人所講述的那樣。「在同伴都不理解時就會感到孤獨，」跡象文學社成員 C. S. 路易斯說，「我心裡有些觀點和標準，但感到不踏實，我一邊羞於承認它們，一邊又懷疑它們是否真的正確。我向朋友分享這些觀點和標準，並在半小時甚至十分鐘內得到回饋，我就對它們更有信心了，因為他們和我想的一樣。**這個小圈子的意見……勝過 1000 個外部人員的意見。**」[26] 而托爾金則是這樣評價路易斯的：「我欠他且無法償還的是……純粹的**鼓勵**。他一直是我唯一的聽眾，是他讓我明白了我的想法並不只是個人愛好。」[27]

Xbox 團隊的情況也是如此。布萊克利說過：「（我們）深受願景力量的驅策，滿懷信心，在前進路上遇到的挫折只會加強我們的信念。」[28]

在這裡，我指的是一種特殊的鼓勵：**親密**的鼓勵。我說的並不是你從朋友、親戚，或者普通同事那裡得到的鼓勵。他們可能會拍拍我們的肩膀，告訴我們很棒。而激進圈子的鼓勵來自你發現其他人和你有**相似的方向**。這意味著他們確實也**相信**它，而且利害攸關。當我們發現這種志同道合的相似性時，我們會突然覺得自己並不孤獨。這可能意味著我們正在嘗試的還不是完全瘋狂的，特別是當這個人是我們尊敬和尊重的人。[29] 西格蒙德・佛洛伊德曾寫信給陪伴他經歷了十年專業上的挫折和被孤立境遇的親密夥伴威廉・弗利斯：「我主要是透過作為**榜樣**的你來理智地汲取力量，從而相信自己的判斷，即使是我孤身一人的時候……我也會像你一樣用驕傲的謙卑去面對未來可能出現的種種困難。」[30] 這種**親密**的鼓勵極有力量，即使我們得到的不是親切地拍拍肩膀，而是像西斯萊那樣的**批評式**回應，我們也會因此得到抵抗壓力的力量，也會勇敢地嘗試被禁止的激進試驗。關於跡象文學社，法雷爾寫道：「在 1925 年，（托爾金）請一位年老的導師指點他寫的（一首史詩），而這位導師建議他放棄，但導師的回應加強了托爾金祕密保留這首詩的決心。後來他發現路易斯**也**對『北方』和史詩感興趣……於是，托爾金就向路易斯請教自己**沒完成**的一首史詩。」[31]

◎建設性的批評

親愛的托爾金……我很誠實地告訴你，我已經很久沒有度過如此愉快的夜晚了……這是因為第一次有醍醐灌頂的感覺。而接下來是更細緻的批評（包括對幾行詩的一些不滿）。

——C. S. 路易斯[32]

這一引文敘述了路易斯對托爾金未完成的詩作的反應。他的第一句話是鼓勵，然後是批評。批評確實是第二甚至是更重要的資源。激進圈子是採用建設性的同情批評這種較健康方式的環境，而這對促進願景成長是必要的。之所以會有這些批評的回饋，是因為圈內成員具備專業知識（他們不是初學者）。簡單地說，他們的知識和詮釋方法補充了我們的不足之處。我們已經發現，Xbox 四人團隊的背景知識涵蓋了市場行銷、技術和業務領域。他們中有些人了解對年輕遊戲玩家有意義的東西，有些人了解對遊戲開發者有意義的東西，有些人則了解對微軟內部成員有意義的東西。他們是**知識淵博、充滿激情的觀眾**，向圈子的其他成員提供了不同的視角，這對於討論新願景至關重要。這是典型的多領域團隊，而不僅是專業知識的互補。在設計技術解決方案方面進行互補之前，我們需要有共同的方向。激進圈子實際上提供了**方向**和意義，而不只是解決方案方面的批評性回饋。圈內成員的努力方向（創建突破性的願景）是一致的。批評是動力，促進了將初始的個人直覺轉化為強有力的共同新詮釋。當與更大的組織和外部參與者交流願景時，這種詮釋將會受到更嚴厲的質疑式批評。**個人會因為批評而扼殺自己的想法，而圈子則會透過批評獲取力量**。對於 Xbox 團隊來說，批評性探索的力量是強大的，因為批評使他們將最初模糊的看法轉變成了強有力的願景，最終能夠經受住更大組織、更嚴厲的質疑式批評，如本章開始時史帝夫·巴爾默的評價。

◎工具性親密：信任和共同的敵人

激進圈子提供了一個健康的環境。在這一環境裡，你可以獲得**鼓勵**，做一些古怪的試驗，也可以獲取寶貴的**批評**回饋，進一步發展完善願景。這複製了將直覺轉化為實際產出所必需的典型的研究動態狀況，只不過是在**受保護**的環境之中；法雷爾的說法更為貼切——這是一個「工具性親密」（instrumental intimacy）的環境。

在健康環境的支持下，批評可以成為創新的源泉。這個環境是基於信任的，主要體現在三個方面。

可以信任地**講**，否則我們不會分享自己**還不成熟**的想法。[33]

可以信任地**做**，否則我們不敢去做這些**被禁止**的試驗。

可以信任地**聽**，否則我們不會從**批評**我們的人那裡汲取建設性回饋意見（最後這個信任是最難做到的：就像拳擊練習對手一直在打你，你感到疼痛，但是你得相信他們這樣做不是為了擊潰你，而是為了讓你變得更強大）。

當然，這種信任不是憑空出現的，我們應該怎樣創造這些信任？信任理論認為，信任是在這種情況下產生的：你依靠一個人，這個人能夠做出你期望的行為，而且不會傷害你。[34] 對他人行為的這種期望可能基於不同的情況，例如，信任關係是因歷史形成的。但是激進圈子的成功故事告訴我們，情況並不總是這樣。四個年輕的印象派畫家是在學校才認識的；四名微軟的叛逆者以前**在組織中也不存在著聯繫**，四人中的主要推動者布萊克利，在他們開始自發合作之前，才剛到微軟工作了一個月。

在一個激進圈子裡，信任的來源是完全不同的：**共同的意願**，想要改變、創造突破性新願景的意願。確切地說，這不意味著激進圈子的組建是因為有共同的願景。共同的願景是這一過程輸出的結果。當然，一開始，共同的願景是不存在的。就像雷諾瓦所說的那樣，「我們充滿美好的願望，但我們卻在黑暗中摸索。」[35] 創建信任的是「美好的願望」。我們能夠相信其他人的批評，是因為我們都有把一切變得更美好的共同願望。

這種「改變的意願」通常來自於對當前狀況的一種共同的不適感。印象派畫家對古典主義和室內繪畫感到不適。微軟的四個叛逆者對雷德蒙德小鎮巨人的遊戲業務戰略及索尼PlayStation2 的威脅感到不適。他們都對電子遊戲滿懷激情，所以他們開始自發地設想用不同方式進入電子遊戲行業的新戰略。阿澤和伯克斯各自設想了一款專門為遊戲設計的精簡版視窗系統。布萊克利之前有業界經驗，當他加入微軟（在一個非遊戲行業領域）時，他開始自發地思考公司在這個領域能做些哪些更有意義的事情。當索尼發布 PlayStation 2 的時候，叛逆者的不適感越來越強烈，並有了行動的衝動。透過非正式以及偶然的關係，他們互相認識了，並興奮地發現還有其他人和他們一樣對此感到不安。把他們凝聚起來的**不是**

共同的願景，而是他們完全不同的最初的直覺方向（布萊克利和巴克斯的方向是徹底脫離個人電腦平台，而阿澤和伯克斯的方向是創建精簡版的專業視窗系統）。最初的信任感源於他們都意識到有個共同的緊迫原因——**共同的敵人**。實際上是兩個敵人，索尼公司和微軟視窗系統。因為索尼公司推出了 PlayStation2，所以它肯定是敵人。而微軟視窗系統之所以是敵人，是因為它在推動微軟現有的願景：在個人電腦這個實際上並不適合的通用平台上玩遊戲。與法雷爾描述的激進藝術圈子相似，一開始他們也發現**談論他們不喜歡的東西比喜歡的東西更容易**。例如，他們在早期互動時，將針對共同敵人的專案命名為 Project Midway。事實上，這是一家美國企業對抗由索尼公司、任天堂和世嘉株式會社（Sega）組成的日本遊戲商業帝國的專案，這是介於普通個人電腦和遊樂器之間的中間方式。

有些時候的不適感，就像我在上面討論的例子一樣，是難以掩飾的，我們會對目前情況感到不舒服。而有些時候，不適感會比較溫和，只是一種**好奇心**：我們努力去理解現有的迷思，去理解現有規範的意義（「為什麼我們不能在戶外寫生？」）。加拿大哲學家伯納德・郎尼根（Bernard Lonergan）表示，「我們想要理解」的好奇心往往是產生內心緊張的強大動力。我們**傾向於與有類似好奇心而不是有類似答案的人聚在一起**。「好奇是共同探究可能性的統一基礎，好奇會因為自己難以理解的事物而產生困惑感……**探究的緊張感**……**純粹的求知欲**。」[36]

◎激進圈子批評的自願原則

> 你們之所以聚集在一起，是因為你們對相同的事情抱有相同的信念，你們寧願餓死也不退卻。
>
> ——皮埃爾．奧古斯特．雷諾瓦[37]

共同的不適感是信任的基礎，也是激發批評的火花，是「講、做和聽」的動力。發現別人和我們有共同的不適感是一種強大的動力。雷諾瓦所說的「相同的事情」是指「相同的敵人」和想遠離這個敵人的「相同願望」。激進圈子有一條預設的規則：你之所以在這個圈子內工作，是因為你不喜歡目前的一些情況，並且想要找到新方向；如果你不想這樣，也沒關係，但請你離開。我們在這個圈子內工作，即使面對批評，我們也只會更努力，而不是退縮。因為我們知道，批評我們的人和我們有同樣的不適感，而且想要改變現狀。如果開始時共同的不適感不存在，那麼就絕不會出現建設性的批評。圈子成員只會帶來破壞性的批評，甚至更糟，他們只會無動於衷，只會沉默，那麼他們離開圈子確實會更好。

這裡出現了第一個重要的觀察結果：最激進的圈子都是**自發形成**的。沒有人要求微軟的這四個叛逆者一起工作，他們之所以聚集在一起，是因為都對微軟現有的遊戲業務戰略感到不適，都想透過創新改變現狀。當然，在組織中，自願原則並不總是可行，我們在第七章將會看到如何把自願原則融入團隊的發展過程中。在組織內部，總會有人比其他人更早感受到對現實情況的不適，只是沒有表達出想進行改變的意願而已。這些人的數量比我們想像的要多得多。他們通常是沉默的，但是一旦進入「工具性親密」的環境中，他們就會敞開心扉。

這就出現了第二個重要的觀察結果：激進圈子的成員幾乎都不是直言不諱的革命者。**他們的目的並不是毀滅**，而是幫助組織成長。印象派畫家並不只是反叛分子，他們想**成功**，想讓藝術界接受他們的創新。因此，我更相信那些懷有未言明的謙虛願望的人會比那些大膽激進的反叛者帶來更多的改變。後者經常越界進行破壞性的反叛，就像保羅．塞尚對印象派的破壞作用（尤其是當他們自己的願景最終沒有成功的時候）。在更早以前，微軟就已經有了力圖革命性改變微軟遊戲策略的圈子。那是在 1994 年，在索尼公司推出 PlayStation1 之後。這個圈子是由亞歷克斯．聖．約翰領導的綽號叫 Beasty Boys 的圈子。約翰在 DirectX 的開發中起了關鍵性作用。他是一個直言不諱、叛逆好鬥的人。他不僅感到了不適，還非常激進，具有破壞性。他破壞了組織內的很多關係，最終他不得不離開微軟。[38] 而微軟也並未因此有什麼改變。

這意味著「只透過邀請」才能加入激進圈子。只有當我們有共同的不適、有共同的變革願望、願意以建設性的批評方式挑戰和接受挑戰時，我們才能接受別人和被別人接受。如果缺少這些條件，我們就不會被邀請參與，就算已經在圈內，也會被要求離開。

因此，激進圈子與開放型社群完全不同。開放型社群通常是圍繞願景組建的。由於社區的價值取決於參與者的數量，所以它的大門必然向任何人開放，進入門檻很低，退出門檻也很低。通常，當你離開開放型社群時，沒有人會意識到。

然而，是誰創造願景來凝聚龐大的社群？不是社群本身，因為願景的產生需要建設性批評和「工具性親密」的微妙動態環境，而這些只有在激進圈子內才會產生。事實上，人們會透過謹慎又警覺的相互認識過程聚集在一起：有共同的不適感、共同的變革願望、共同的建設性導向。這一圈子有進入門檻（正如雷諾瓦所說的那樣，也有退出門檻）。而大型開放型社群的願景通常是透過邀請才加入激進圈子的成員發展起來的，如圖 5-4 所示。[39]

激進圈子與傳統的正式團隊也有很大的不同。團隊（例如，產品開發團隊或概念開發團隊）不是自願結合在一起的，通常是由管理人員根據目的及其成員的能力、技能和決策能力組建起來的。開始時，他們可能不會有同樣的不適感，也不會有改變的意願。事實上，組織行為學的傳統群體理論認為，團隊形成的早期階段是至關重要的，由於團隊不是自願地聚集在一起，而是人為組建的，所以很難在共同的方向上達成一致。[40] 因此，正式團隊可能在願景已經存在的時候（如在腦力激盪中，關注的焦點已經明確了）創造創意和執行才會是有效的。正式團隊在解決問題和制定解決方案上非常有效，但在意義創新的早期階段效果就比較差了。[41]

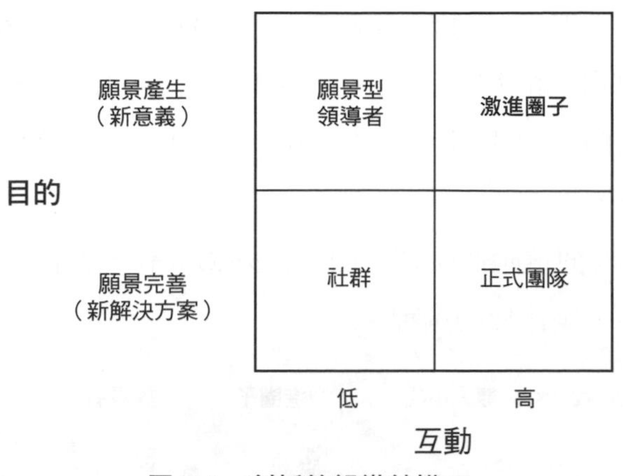

圖 5-4　創新的組織結構。

因此，在需要探索性創造強勁而又深刻願景的早期階段，激進圈子能發揮巨大的作用（如圖 5-4 所示）。它克服了「願景型領導者」獨自創造願景的傳統模式的局限。在複雜的環境下，這種傳統模式極其罕見，而且即使確實存在，也是隨機的，風險很大，因為它缺乏批評性的抗衡。在某種程度上，激進圈子就像個有權力的願景型領導者。[42] 它的成員在意圖、願望和動力上都是一樣的，但他們也樂於接受個體無法獨立體驗到的強烈碰撞、緊張、批評和洞察力。圈子還提供了其他資源（親密鼓勵、建設性批評，當然還有經濟和社會資源），這些都是創造有意義的願景所必需的。

由內而外的批評

我們已經明白了意義創新是基於**批評**的藝術，而批評的藝術主要取決於我們合作的**人**，而非特定的工具和技巧。批評需要「立場」。因此，我們需要不同觀點的人，這些人願意共同分享自己的初始假設，進行不同觀點的**碰撞**，並**融合**成突破性的願景。我們也明白了這一過程必須從我們自身出發，**由內而外**。

圖 5-5 把這兩個原則（由內而外和批評）整合成了一個前後連貫的可操作性的過程。

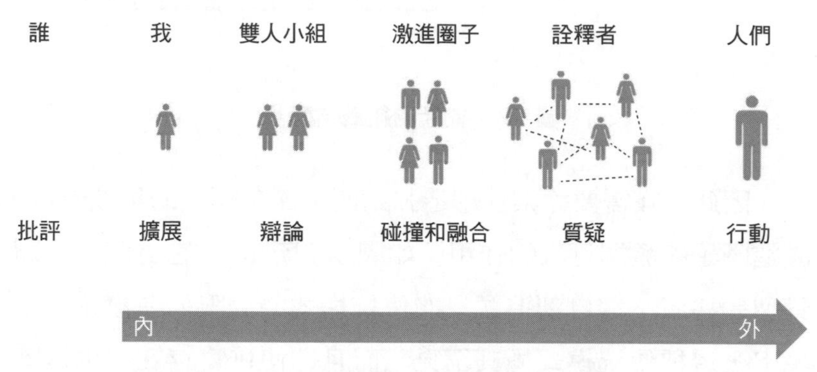

圖 5-5　基於批評藝術的意義創新過程。

由內而外的過程從作為個體的我們自己開始。我們需要先袒露自己的初始假設。這些假設是整個過程的關鍵，也是進行碰撞的基礎。這也是為什麼「初學者思維」在意義創新方面沒有太大作用：沒有可碰撞的東西，就沒有切入點，也就沒有可以融合的東西。在第六章，我們會看到如何批判性地（或更準確地說，進行自我批評）推進整個過程的第一步。

然後，為了確保我們不會停留在自己的假設中，這個過程會慢慢**向外推進**。雖然我們需要別人的批評，但需要謹慎的批評。因為我們的初始假設，尤其是那些最不尋常的假設還是非常模糊和脆弱的，即使對我們自己而言也是如此，所以我們需要**逐步**展露我們的假設。

最好的方式是先和自己的夥伴互相分享。雙人是踐行批評藝術最柔和的方式。在印象派畫家的故事中我們看到，第一次嘗試和分享最大膽的試驗就是在非常親密的兩個人之間進行的，就像雷諾瓦和西斯萊，以及莫內和巴齊耶。同樣地，微軟的四名叛逆者最初也是在兩個人之間分享自己不成熟的假設。布萊克利覺得與巴克斯分享自己的想法更輕鬆，因為他們都傾向徹底擺脫個人電腦平台。而阿澤與伯克斯更親近，因為他們最初都認為需要開發一個特殊版本的視窗系統。對於加強這種模糊的初始願景，受到保護的兩個人之間的互動是很重要的。布萊克利說：「我們開始時只做了幻燈片來展示自己的假設。」雖然布萊克利在遊戲行業方面很精通，但對商業一竅不通。透過與產品行銷經理巴克斯交流，他更加堅信自己的初始假設是可以持續產生經濟效益的。「當我看到這個提議的時候，」巴克斯說，「我改變了需要關注的重點，我說，『讓我們想想應該定位於什麼樣的消費者，以及怎樣讓遊戲開發商參與進來。』」在這個專案開展的過程中，布萊克利和巴克斯之間的關係更加密切，優勢互補，就像是另一對勞萊和哈台。遊戲開發者大會的負責人說：「巴克斯是陰，而布萊克利則是陽。」[43]

在我們的假設變得更清晰和更有力量之後，我們可以接受**更大圈子的、更嚴厲**的批評。我們不妨試想類似的情況，即晚上在楓丹白露小酒館聚會的印象派畫家或微軟的四個叛逆者發生的情況。更大規模的討論可能會更激烈。實際上，我們開始時先和最親密的夥伴（拳擊陪練）辯論初始假設，然後再和有變革意願、但方向可能不一致的人一起討論我們的假設。在後一種討論中，真正的碰撞和融合才會發生。由於素材，也就是初始假設，已經在雙人交流的過程中得到深化和加強，所以他們基本上不會屈服（「我們寧願餓死也不退卻」）。初始假設很有可能會融合成更有力的新詮釋。

批評過程的下一步是進一步向真正的外部人員，即我們**組織外部的人員**開放。首先是向**詮釋者**，即與我們差距較大的其他領域的專家開放，他們會以不同的角度關注我們的戰略環境。對於印象派畫家，這個過程就像在蓋爾波瓦咖啡館聚會的情況一樣，他們與作家、雕塑家、音樂家討論自己的想法。這些詮釋者幫助我們更深刻地反思我們新願景的意義。其次是向**使用者**開放，我們希望他們最終能夠喜歡我們的提議。在畫作還未被官方藝術沙龍接受之前，印象派畫家最終組織了他們自己的畫展。微軟的叛逆者最後會見了專家（例如，硬體技術的提供者）和使用者（尤其是遊戲開發者）。**一旦形成了新框架**來詮釋他們的回饋和見解，外部人員也可以幫助我們學到很多。與他們在開放式創新和群眾外包等工具中的參與相比，他們在這一過程的參與時間較晚，目的也截然不同。在意義創新中，我們需要**仔細確定**外部人員。他們的主要角色**不是提供見解**，而是**挑戰**我們提出的創新方向，並使之更深化、更強有力。外部人員帶來的通常不是好的創意，而是好的**問題**，換句話說，他們貢獻的是**批評**而不是創意。

愛不是選擇方案

他不太確定是什麼時候發生的，甚至不清楚是什麼時候開始的。可能是那個早晨，他看到喬希掉進河裡之後，克莉絲汀抱著凱蒂；也可能是那個下雨的午後，他開車送她回家的路上；或者是他們一起在海灘上玩的那一天。他只知道此時此刻，他正在為這個女人努力。

——尼可拉斯・史派克（Nicholas Sparks）[44]

由內而外的批評過程的目的是創造強有力的願景，特別是有意義的願景——人們喜愛的東西。

解決問題的經典理論認為，找到新奇解決方案的過程如圖 5-3 所示：我們先創造創意，再評估這些創意，然後進行選擇。這一過程可以重複多次，直到我們得到最優或至少是令人滿意的方案。在任何情況下，創造創意和評估判斷這兩個階段都是明顯分離的。在創造創意的時候，「推遲做出判斷」這句話被寫在 IDEO 公司進行腦力激盪的會議室牆上。最後一步是進行選擇。在管理文化中，判斷和選擇也是與創造創意分離的。創新團隊會產生創意，然後提交管理高層做出判斷和選擇。

對於解決方案創新，這種模式可能是有效的，但不適合創造會讓人們愛上的、有意義的願景。我們不會透過一系列的選擇過程而陷入愛河。閃電約會只是約會，與愛無關。陷入愛河的（或長或短的）過程不需要思考和選擇。在某個特定的時刻，一個人只是自然而然、無法避免地陷入愛河。

在我們提到這一微妙的主題時，愛的隱喻可以再次幫助我們更好地理解為什麼創建有意義的願景與創造解決方案截然不同。表 5-1 總結了這些差異，尤其是創造創意與批評之間的差異。

第一個區別是創造創意需要的是**數量**，而意義創新需要的是**深度**。在一個充滿機會的世界裡，我們不可能用大量的詮釋來確定更好的意義。這只會增添混亂，增加訊息量，我們需要的是更深入。

表5-1　創造創意與批評的差異。

創造創意	**批評的藝術**
洞見的數量	洞見的深度
社群	親密
觀察	詮釋
尺度標準和篩選	碰撞與融合
推遲判斷	透過判斷進行創新
天真	有一個願景
中立	選擇立場（角度）
愉快	投入
設計者創造，管理者判斷	設計者也需要判斷，管理者也需要創新
選擇最優方案	不需要選擇，新意義是不可避免的

解決方案可能是**正確**（更好）和**錯誤**（更差）的。我們需要進行篩選。詮釋則有不同的屬性，大多數時候**真假混雜**。換句話說，相互信任的兩個人提出的初始假設都有一定程度的真理性。我們只需要找出這個真理！如何找出？透過批評

深入下去。因此，得到有意義的新詮釋的方法不是提出另一個詮釋，而是對少數幾個好的觀點進行深入探討，使它們**碰撞**，然後**融合**在一起。就像亞莉珊卓．霍洛維茨提到的油畫的底色（詳見本書第四章的結尾部分）：每一層都添加了顏色，一層疊加在另一層的上面，最後是一幅多層色彩融合在一起的、有意義的絢麗畫作。

這就意味著在解決方案創新的過程中，創造是**先於**判斷的。而在意義創新的過程中，創造是**貫穿**整個判斷過程的，創造和判斷是同時發生的。由碰撞和融合組成的**批評**幫助我們**創作**了新的畫作。

傳統上，解決問題的創意由組織基層提供，而判斷則由組織高層進行。在意義創新中，**判斷也是由基層進行的**。更好的情況是，由參與創新過程的每一個人進行判斷，因為創新**貫穿**整個批評過程。事實上，創新圈子的狀況都顯示了，第一個判斷和第一個認可極有可能來自夥伴。

所以，當我們有新願景的靈感時，不應該去敲忙碌的管理高層的辦公室大門，期望得到他們的傾聽和認可（如果我們這樣做，經常會感到沮喪，因為連我們自己都不太清楚自己模糊的直覺，管理高層又怎麼能夠理解）。最好是找其他的夥伴分享自己微弱的初始直覺，並利用他們的判斷和理解。當我們對新願景的假設變得更加實際和可以分享時，我們就可以去敲那些管理高層辦公室的大門，就能夠得到他們的傾聽，並經得起他們的質疑。

遺憾的是，找到那些能夠提供有效創新批評的優秀討論夥伴，通常就像打電話到首席執行長的辦公室一樣困難。因為許多有創造力的人沒有受過訓練，也不熟悉批評的藝術（事實上，他們一再被告知，批評是不好的），所以我們要在自己身邊仔細尋找這樣的夥伴，並珍惜那些善於坦率地提供批評性回饋的夥伴。他們在創造新願景的過程中是非常難得的。

這一深化過程最值得注意的結果是**消除了選擇**。在這一過程中，我們不能確切地描述何時何地會不可避免地產生需要創造的願景。如果回顧一下，我們也許可以指出某個特定的時刻：在工作坊上兩個觀點的整合、詮釋者的評價、前期試用者的回饋、在餐廳裡的閒聊。但最有可能的是，願景就產生於所有這一切，毫無疑問地，我們看到了那些創造和展示願景的人的愛。不過，這一切是不需要選擇的。

如果沒有愛，那就意味著還為時過早。我們需要深入挖掘，理解到底哪裡有問題，還需要透過想像和批評來增添新的「油畫色層」。要有新的碰撞和新的融合，直到新的意義產生。

然後，你就不能再往回看了。在我們參與的幾個專案中，我們注意到在某個特定時刻，團隊會回顧過去，但幾乎都無法認同自己早期的信念：「我們怎麼會認為這是有意義的。」沒有必要再回顧，沒有必要設法讓人相信變化，因為已經發生變化了。

有意思的是，最終的願景往往包含了事先在組織中已經探索過的創意。可能會有人抱怨：「在你提出之前，這些解決方案就已經存在了，有人在幾個月前就已經提出過了。」其實，早在印象派畫家之前就已經有人運用印象派的一些特殊的繪畫技巧。例如，少數畫風景的畫家已經不採用暗色調來畫陰影的方法。這是出色的畫家那爾西斯－威吉勒・迪亞茲向雷諾瓦建議的。[45]Xbox 採用的很多技術都是微軟以前開發出來的。Nest Labs 恆溫器中的很多創意都是整個行業及其他競爭對手已經提出過的。

但早期零散的創意和最終願景之間有兩個主要的區別。第一，這些具體的解決方案混雜在眾多的其他方案中，而現在有了一個**方向**。第二，更重要的是，我們現在能看到其中的**意義**了。我們不僅看到了跡象，還有了全新的詮釋，這些詮釋賦予分散的解決方案新的意義。那些看起來毫無意義的創意現在似乎成了不可避免的情景方案（scenario）。

我們遇見並愛上的人，不會在我們陷入愛河的時候才出現在我們的生活中，他（她）早就存在了，而且我們可能早就已經見過他（她）了。但在陷入愛河的過程中，他（她）的意義得以綻放，而讓他（她）的價值變得無法忽視。

PART 3
過程：方法和工具

The Process: Methods and Tools

在本書的第二部分，我們討論了意義創新的兩大原則：由內而外和批評。這兩大原則與解決方案創新的原則是完全相反的，意義創新的過程必須有異於傳統的問題解決過程。本書第三部分將闡述創造有意義的新體驗的過程。

在這裡，我要分享的方法和工具是在與組織合作時「我們的做法」，其來源於近十年來我們進行意義創新的實踐體會。

這是個漫長的旅程。首先，我們研究了企業過去成功的實踐。其次，我們將所學到的最好的東西整合成可行的過程，這個過程在不同的環境、行業和文化中都可以進行複製推廣。最後，我們在不同組織的幾個專案中試驗這一過程。很幸運的是，一路走來，我們遇到了願意嘗試新方法的管理者，尤其是在我們探索的初期。多年以來，這一過程已經有別於最初的版本了。透過不斷學習，我們取得了很大的進步。我們一直都在改進這一過程的效果。所以，我在這裡分享的只是一項仍在發展完善的工作成果。雖然它比較先進，但仍在不斷地改進。

我知道還有其他方法可用來實施前面介紹的兩個原則。在這裡我闡述的是迄今為止我們的做法，我希望其他人會嘗試不同的途徑，擴大現有方法的範圍，並分享他們的發現。[1]

那麼，這一過程到底是什麼樣的？我們在第五章已經介紹了它的基本結構，如圖 C-1 所示。

首先，我們發現意義創新必須從我們自身出發（即由內而外的原則）。因此，整個過程的第一步是要求個體公開其初

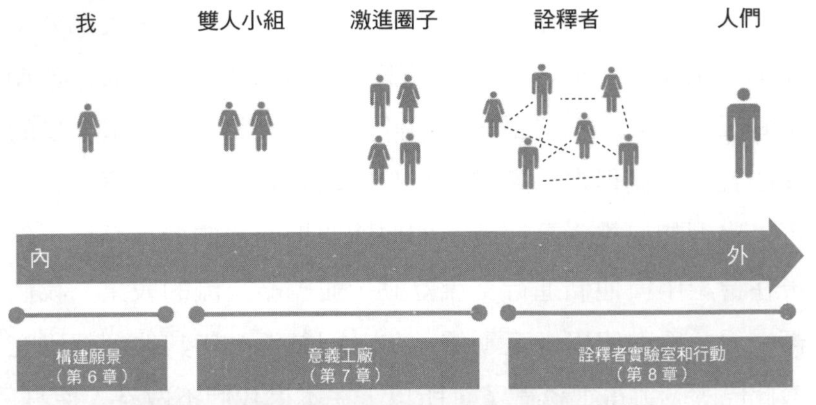

圖 C-1　意義創新的過程及本書第三部分的結構。

始假設。

其次，這個過程會逐步公開接受其他人的批評。最初在組織內部進行批評——接受能提供可靠回饋的親密夥伴的批評；然後接受我們和其他人組成的圈子的批評，圈子的其他成員從事同一創新過程，但創造創新的初步方向可能與我們的不同；隨後我們再接受組織外部，包括詮釋者（關注相同顧客群的其他領域的專家）和顧客的批評。

隨著由內而外過程的展開，我們受到的批評會越來越激烈，我們最初的願景會和別人的願景逐步融合在一起。透過碰撞與融合的過程，我們最終創造出更有意義、更有力量和更可行的深刻願景。

在接下來的三章，我們會詳細介紹這些步驟。第六章著重介紹第一階段：每一個體先創造可能的新意義，其目的是揭示自己希望人們會喜愛什麼的初始假設。第七章描述了接下來的兩個內部步驟：和自己的親密夥伴雙人成對工作，以及在激進圈子內工作。在我們所說的這一過程中，大部分工作都發生在我們稱之為「意義工廠」的工作坊上，通常為期兩到三天。第八章主要關注與詮釋者的互動交流。這一步的核心就是我們稱之為詮釋者實驗室的會議。在第八章，我們可以學習如何挑選詮釋者、如何簡要地向他們進行介紹，然後在會議中與他們進行交流互動，並總結交流的成果。我們再來看一看與使用者互動這一步。因為近幾年其他創新研究對此已經闡述得很透徹了，所以，在本書我們不做深入探討。在如何開展人群分析、市場測試、焦點小組會議，尤其是使用最先進的數位技術等方面已經有很好的工具與方法，我會推薦在這方面可以參考的優秀文獻資料。我們已經使用過這些文獻資料，並發現它們非常有用。

在這本書的最後部分，我會使用和前面不一樣的描述方式。前面我採用了講故事的語言來支援我們的思考過程，而現在我會透過舉例來進行簡潔明確的闡述。每一階段我都會採用圖表的方式進行闡述說明，如圖 C-2 所示。

- 每一階段的**目的**
- **新的意義如何演變**（如何在不同階段出現和成型）
- 每一階段要解決的基本**問題**
- 我們可以用哪些**方法**和**思考框架**來解答問題

當然，我們沒有討論所有的細節。每一專案都有其獨特的故事和背景，每一組織也都有自己的使命、能力和文化。

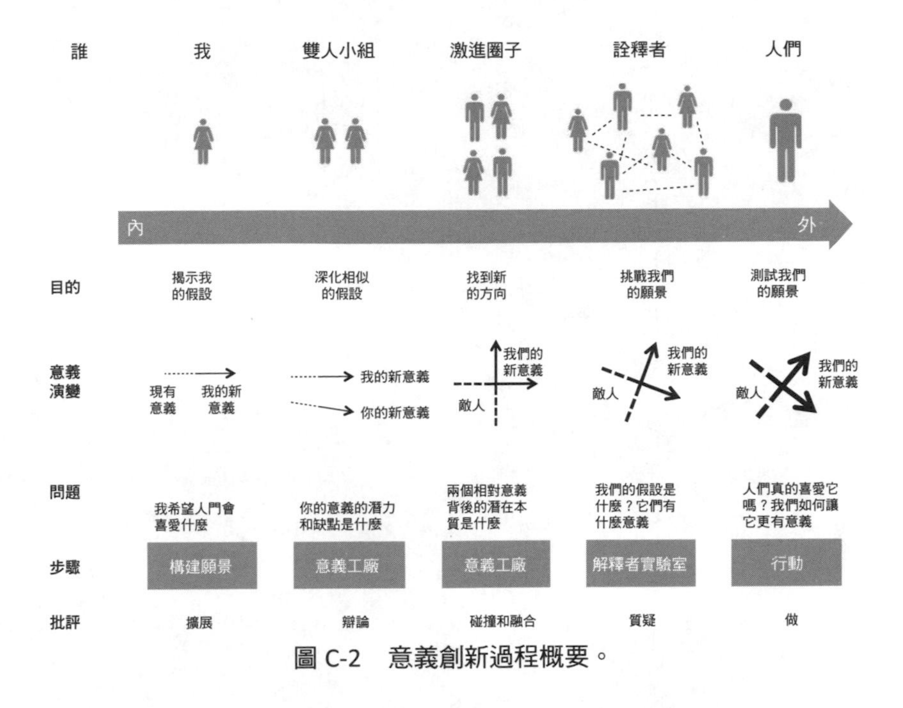

圖 C-2　意義創新過程概要。

我在這裡闡述的只是不同經驗的融合，只是從邏輯方面對我們經歷過的幾個過程進行的總結，而在實際環境中則會有很多變化。因此，需要你將自己的具體情況與這些過程結合起來。在合作中，我們總是從為特定項目量身定制的基本框架出發。事實上，在任何情況下都套用標準的創新框架只會傷害組織。我承認一段時間以後，我們也會很快感到厭倦，失去繼續創新的動力。讓我們看看這個過程到底是怎麼樣的。如果你想繼續往前推進，切記一定要把這一過程改造成適合特定情況的框架，變成你自己的框架，從而為你所用。如果你願意的話，可以隨時向我們反映你的發現與創新，因為我們一直渴望不斷完善對意義創新的理解。

第六章

創造願景：推己及人

Envisioning: From Me to People

意義創新的過程是由內而外、從我們自身出發的。

實際上，在意義創新的第一階段中，正確的人稱代詞應該是「我」，因為我們是從個體工作開始的。

正如第四章所討論，組織中的每個人都懷有什麼事物會對顧客有意義的認識。每個人都在孕育和創造各種假設。在我們的認識中，這些假設可能是清楚的，但大多數是模糊的。即使我們不披露它們，在任何情況下，當我們傾聽他人的時候，它們也都會影響我們的理解。那麼更好的做法是把它們展示出來。首先，透過揭示我們的假設，我們可以減少停留在自我假設中的風險。其次，我們的假設是推動整個過程的珍貴素材，在此過程中，這一素材將與其他素材進行批判性的融合。

創造願景階段的目的是揭示我們個體的假設，我們透過解決「我希望人們會喜愛什麼？」這個問題來達成目的。

雖然這看起來是個顯而易見的問題，但是幾乎沒有人會去思考這個問題。因為我們忙於日常的工作，或者我們認為這是理所當然的。可能當我們剛開始工作的時候曾經回答過這一問題，而後來就把它放到一邊去了。

與此同時，環境發生了變化，我們之前給出的答案可能不再有效。我們自己也改變了：我們對環境、企業及如何對改善世界做出貢獻等都有了新的理解。

創造願景階段讓我們再一次提出這一問題。它要求我們搞清楚引起內心沸騰的是什麼。它提供了一個正式合理的環境，我們在這個環境中思考「希望人們會喜愛什麼」。這一章

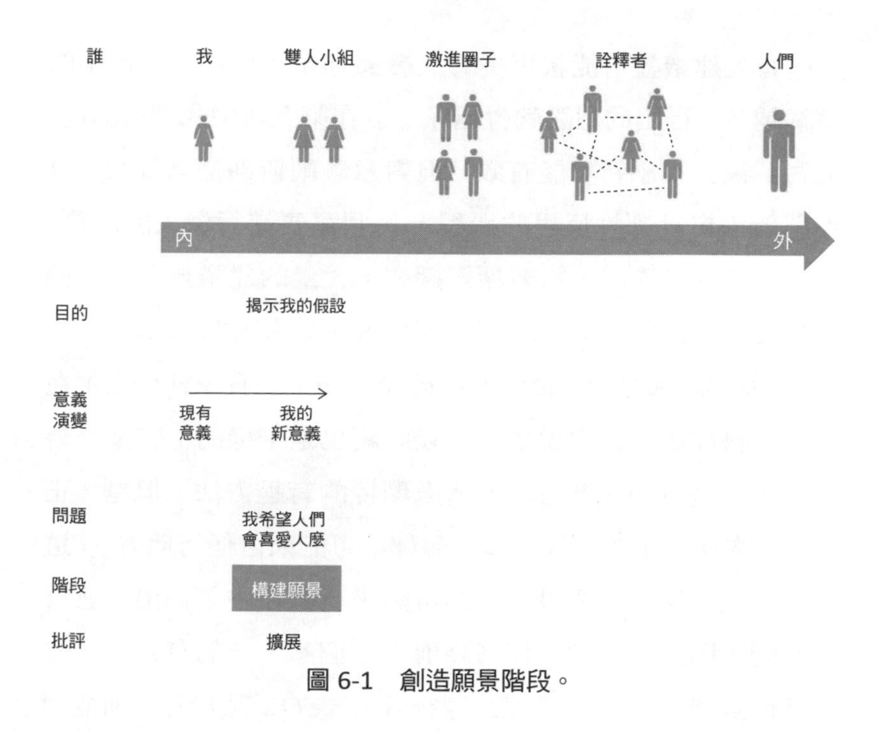

圖 6-1　創造願景階段。

闡述應該由誰來創造，以及如何創造願景。

誰

> 並非誰都能成為偉大的藝術家，但偉大的藝術家可能來自任何地方。

——電影《料理鼠王》（*Ratatouille*）中的美食評論家柯伯（Anton Ego）先生

意義創新的過程始於我們組織內部的個體。但這些個體是誰？應該由誰來創造對人們有意義的東西？

有人建議盡可能讓更多的人參與進來，他們認為提出的建議越多，得出的假設就會越好。但在第五章中我們討論過，這對解決方案創新可能有效，但對意義創新則是無效的。意義創新來自批判性反思的過程，我們需要進行**深入**的詮釋。我們需要好的素材，需要深入探究。大量的建議無助於我們進行更好的詮釋（理解），只會使情況更令人困惑。

「並非誰都能成為偉大的藝術家……」美食家柯伯先生在電影《料理鼠王》中說道。意義創新也是一樣的：在某一時刻，並不是每個人都有理解所處環境的有趣方法。但是，正如柯伯先生指出的那樣，極佳解釋「可能來自任何地方」。這表明那些心懷有趣假設的個體可能來自組織中某個出人意料的部門。因此，我們要**仔細識別**那些個體。一個有效的方法就是從身邊的 15 個人開始。表 6-1 和表 6-2 對如何識別他們提供了指導原則。這只是個初始的群體，除了他們，後續還會有其他人參與新意義的發展過程。

在選擇個體時，一方面，**組合**（來自不同部門的謹慎和大膽的邊界標誌者、經驗豐富的老人和新手、管理高層和非管理高層個體）應該確保多種可能的方向，特別是對推動基於批評藝術的創新過程必要的**緊張氛圍**；另一方面，他們的**共同特點**可以確保批評過程的基本前提：信任。儘管他們存在異質性，但群體中所有個體應該具有共同的**不適**感、改變的**意願**和對**批評性**反思的欣賞。

表6-1　誰：共同特徵

每個參與創造願景階段的個體都需要具備三個特徵：

一、他們可能對現有情況有不適感

我們需要對意義的動態變化更敏感的個體。這些個體之所以敏感，可能是因為其職業特徵、在組織中的角色、個人態度和生活情況，或者是因為他們所處的新環境。這些個體可能會對產業和企業的現有方法更先感到不適。他們通常會表達以下幾種感受。

- 「我感覺儘管我們不斷創新，卻沒有跟上顧客生活變化的趨勢。顧客的生活發生了變化，但是我們的產業仍然停留於原來的理解之中。」接觸顧客生活和社會發展的個體可能會有這種感受。
- 「我感覺我們的產品日益雷同。我們的產業都在相同的性能參數方面進行競爭，所有的產品看起來都很類似。」接觸競爭狀況的個體可能會有這種感受。
- 「我感覺有極好的新技術，但我們並沒有真正充分獲取其潛力。」有機會接觸新技術和先進技術供應商的個體可能會有這種感受。
- 「我感覺我們的組織已經失去了目標感。」接觸組織內部文化特徵或如何與協力廠商交流和創造品牌身分的個體可能會有這種感受。

（關於迷失意義的症狀的詳細討論，請參考第三章的相關介紹。）

二、他們可能有改變的意願和發展方向方面的有趣假設

我們需要全身心投入的敬業的個體，他們有個人的動力，相信透過努力工作，可以為創造更美好的世界做出貢獻。除了不適感，他們更可能會去創造有關「顧客會喜愛什麼」的假設。換句話說，他們是喜歡為顧客製作新禮物的個體。

（關於禮物創新方面的詳細討論，請參見第四章中的相關介紹。）

三、他們喜歡思考事物原因

我們需要喜歡深入思考社會動態發展原因、理解顧客感到不適的本質原因的個體。這些個體可能不一定有很多創意，但喜歡深入探究，採用批判性思維，可提供建設性回饋。

（關於批評藝術方面的詳細討論，請參考第五章中的相關介紹。）

表6-2 誰：組合

個體的分類也很重要，如以下所示。我們需要異質性的個體，這些個體具有不同的背景，尤其是在性格傾向方面，以確保批評藝術所需要的緊張氛圍。

一、謹慎與大膽

性格謹慎的個體會仔細考慮徹底改變的意義。即使心懷變革的意願，他也可能會更傾向於現有的方向。而大膽冒險型的個體則傾向於古怪、被禁止的方向。他通常會展現激進的傾向，即使仍然在促使企業成長的範圍內（即大膽冒險的人並不一定是破壞性的反叛者）。在此建議將極謹慎和極大膽冒險的個體進行搭配組合，並把這些「極端個體」當作邊界標誌者（超過這一邊界的就是太謹慎或太冒險的人）。一般情況下，在後面的互動中，這兩個邊界標誌者會製造更多緊張感，並能幫助整個團隊進行更深入的探究。

（我們在第五章已經對邊界標誌者進行了詳細的探討。）

二、管理層與非管理層

在組織的任何層級都存在具有不適感、改變意願及方向假設和喜歡思考的個體，就像在電影《料理鼠王》中柯伯先生所聲明的那樣，對新意義的極佳詮釋可以來自任何地方。特別是來自組織的低層或頂層。我們不能只局限於某一層級類別：只是管理層（傳統觀點認為，願景來自頂層）或只是非管理層（最近觀點認為，創新來自基層）。我們兩者都需要。僅涉及管理層會把思維局限於正式決策的範疇內，只會帶來一種（企業）文化。此外，在某些時候，並不是所有的管理層都會珍惜表6-1中所列的特徵。

在最初階段，我們需要超越正式組織（它是針對現有意義而設計的）尋求新意義，整合所有組織層級中具有新方向的每個人的觀點。而與此同時，只涉及非管理層（或讓高層管理者等待他們的建議）將產生令人沮喪的結果。

實際上，無論什麼情況下，高層管理者都有隱性假設，會不可避免地過濾其他人的願景。他不會只透過最後的演示來獲取新的意義。

正如我們在第五章中所討論，判斷是在創建階段而不是在之後發生的。關鍵的高層管理者需要從一開始就參與。他需要披露自己希望人們會喜愛什麼，並去判斷和接受判斷。透過參與批評過程，就會明確原本模糊的方向，就能創造內心空間，吸收其他人的新詮釋，而憑他自己可能永遠都無法弄明白。

無論如何，對任何高層管理者而言，發展新願景都是關鍵任務。所以，在此我們改進這一任務的效果和效率，並將其融入組織。幸運的是，這一方法只在關鍵的時候需要忙碌的高層管理者參與，從而提高效率。

這一方法的回報是過程會更快：不再需要方案選擇和批准，因為在這一過程中，已經進行了逐步判斷——新的意義將會勢不可擋。

（第五章詳細介紹了透過判斷進行創新的相關內容。）

三、多職能團隊

當然，傳統法則認為，多職能和多領域團隊有利於創新。這對意義創新仍然適用。我們需要確保來自組織不同部門（包括行銷、研發、戰略、設計、品牌和營運等職能部門）的各種觀點。

四、核心與擴展

在團隊成員中，我們需要嚴格確定一個群體（即核心團隊）。在創造共同願景的過程中，他們需要對批判性思考進行總結。核心團隊成員需要更頻繁地參與會議。他們中的協調者對促進批評創新過程可以發揮非常重要的作用。

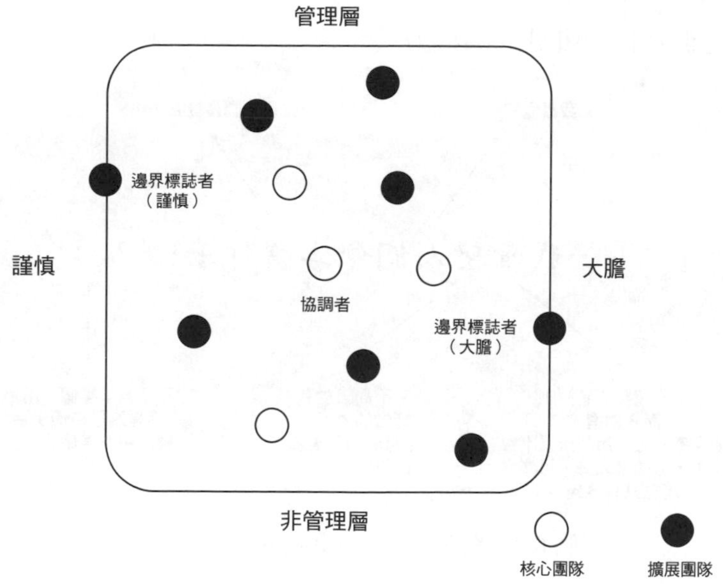

圖 6-2　個體組合。

解決問題

每個個體透過解決這一問題—「我希望人們會喜愛什麼？」，來創造新意義。這一問題在第四章已經介紹過了，關於它的含義的總結如圖 6-3 所示。「人們」就是我們的目標顧客。當然，由於可能存在不同類別的人和環境，我們需要針對不同類型的顧客，並反覆思考這一問題。

如何解決這一問題？如何創造「我希望人們會喜愛什麼」這一願景？激進的新意義需透過建設性批評來發掘。在這一階段，我們從個體出發，必須進行**自我批評**。我們接下來將闡述促進自我批評的四種方式。

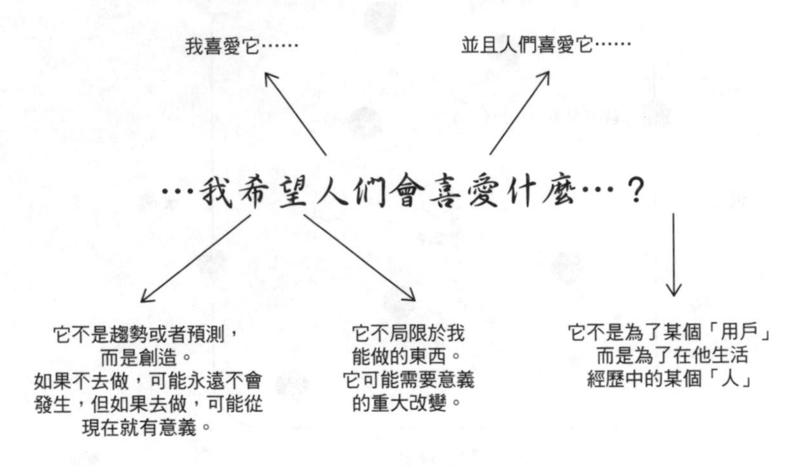

圖 6-3　創造新意義時需要解決的問題。

- 在**解決方案**和**意義**（或換句話說，在**使用者**和**人們**）之間進行擴展。
- 在**現有**意義和**新的**意義之間進行擴展。

- 獨立自主地工作。
- 花時間。

◎擴展一：從解決方案到意義

馬上開始創造新意義是有挑戰性的。意義通常是抽象的概念，它們隱性地支援顧客的行為。我們需要一些實際的東西來開始反思。這些「實際的東西」可以是少許解決方案。

你可能非常驚訝我會建議從解決方案開始。直到現在，我們確實一直都在探討意義，而不是解決方案。然而，個體通常習慣「產品和服務」而非「意義」的實際語言。因此，創造少許解決方案可能是打破僵局、開展對話的好方式。我們使用解決方案只是為了啟動意義創新過程。然後我們需要繼續深入，仔細思考是什麼意義在支撐這一解決方案。我們需要調查研究，揭示為何人們會喜愛它的假設。我們需要從解決方案擴展延伸到意義。（見圖 6-4）

◎生活體驗

為了支持從解決方案到意義的擴展、延伸，我們可以透過一個中間步驟——生活體驗。我們來看圖 6-4，產品和服務只是更廣泛的體驗的一部分，是人們生活中的一小部分。我們不妨以床為例來說明。當然，床是件傢俱，但從人們的角度來看，這是他們在考慮自己的健康（尤其是他們的背部）時會涉及的許多面向之一。床有助於他們的「健康體驗」。這種體驗

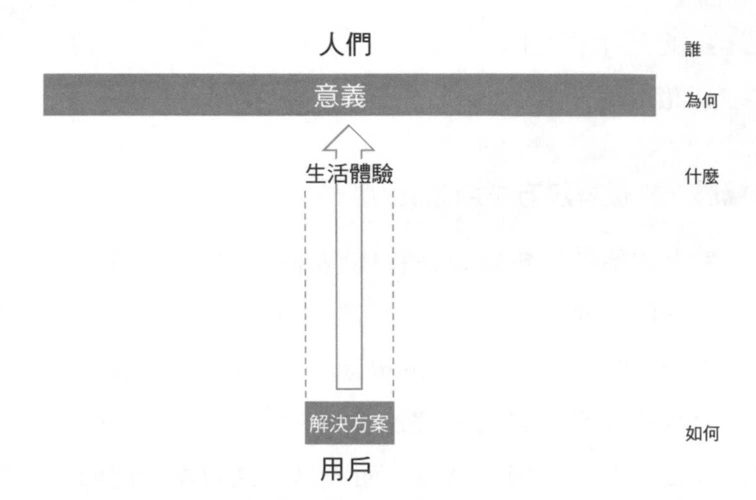

圖 6-4　從解決方案擴展到意義：解決方案只是更廣泛的生活體驗的一小部分， 使用者也只是人們的一小部分。

也涉及其他產品類別，如健身設備、醫療保健和食品等。

希歐多爾．萊維特（Theodore Levitt）以及克萊頓．克里斯汀生和安東尼．伍維克用「要做的工作」這一術語表達了一個類似的概念：[1] **顧客**使用產品來**完成工作**。這裡的原理是類似的：從解決方案中後退一步，接近事物的目的。我沒有使用「工作」這個詞，我覺得用「生活體驗」更鼓舞人心，因為它更接近人們的思考和感受方式。的確，人們很難從工作和績效的角度思考問題，但會從他們的生活體驗來進行思考。除此之外，我們還做了更深入的研究：從發生什麼事情到為什麼發生。這樣我們就更進一步，從生活體驗擴展到它的意義。

為了從解決方案擴展到意義，我們可以透過以下三個步驟來分析人們的生活體驗：

我們可以從表達頭腦中的解決方案開始。這就是「如何」(方式):新產品、服務、商業模式和溝通方式等。

然後我們退後一步，反思生活的基本體驗。這就是「什麼」:顧客想要完成的更廣泛的任務(要做的工作)是什麼?這一解決方案會帶來什麼體驗?

然後我們更進一步，反思基本意義。這就是「為何」(原因):為什麼顧客要這麼做?為什麼這一體驗對他有意義?他為什麼要愛上它?

為了支援這一擴展，我們還可以使用以下表達方式:「我喜愛**能使我**(體驗……)**的**(解決方案),**因為**(意義……)」。(如圖 6-5 所示)在這種情況下,「我」就是**顧客**。以第一人稱表述可以幫助我們建立與我們想要使之生活更有意義的人們的同情和共鳴。它可以幫助我們像他們那樣進行思考和感受。重點是表達方式的最後部分(意義)。前面部分(解決方案和體驗)只是開始反思的理由而已。

然後我們可以朝相反的方向推進，更好地確定意義和體

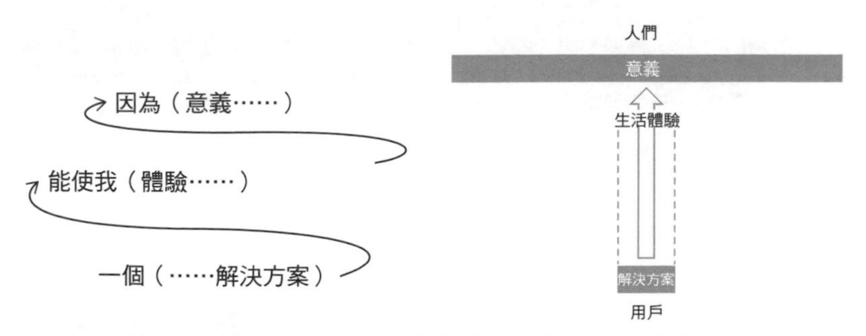

圖 6-5　幫助我們從解決方案擴展到意義的表達方式。

驗，接著創造具體的解決方案來實現意義。

表 6-3 詮釋說明了傢俱製造商 Vox 的這三個擴展步驟。當然，這一概念適用於任何類型的市場，包括 B2B 市場，簡短的例子如圖 6-6 所示。本書附錄還列有許多其他領域的案例。我們來考慮一下工業機器人市場。假設顧客是製造業營運副總裁，她正在重新制定企業的生產戰略。在考慮買機器人時，她不會只把它看作一台快速的機器，還會把它視為能將她的工廠從成本中心轉變為業務創新來源的一種方式。也許她想為消費者定制產品，而在這方面，靈活的機器人可能會有所幫助。對她來說，機器人是「定制產品體驗」的一部分，它還涉及其他產品類別，如產品設計服務、會議、工業工程培

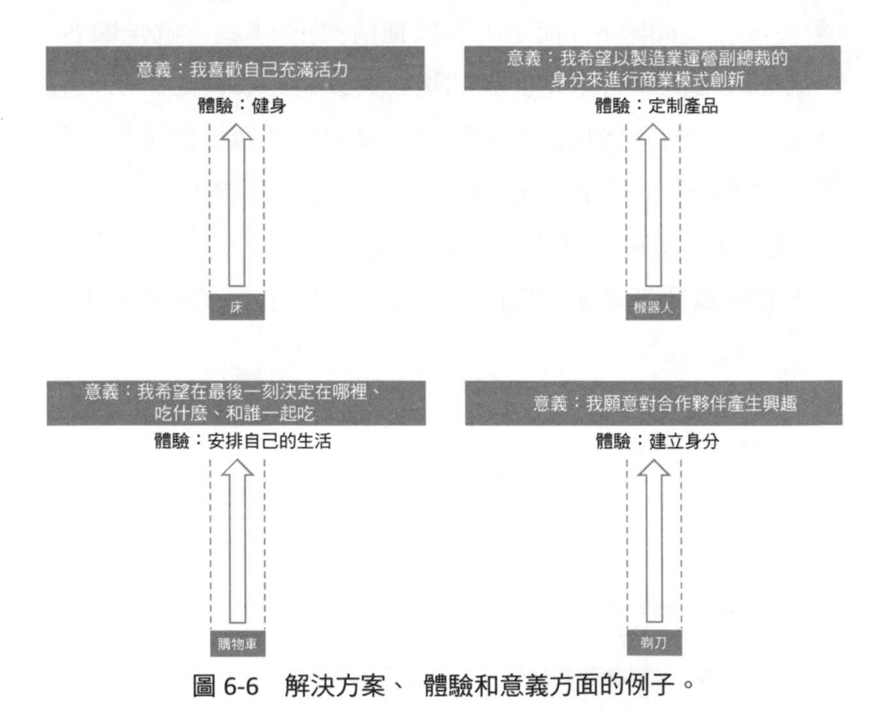

圖 6-6　解決方案、 體驗和意義方面的例子。

訓和管理諮詢等。如果定制產品成為商業模式創新的來源，這一體驗對她來說就有意義，這也將提升她在管理團隊中的聲譽、戰略地位及作用。

表6-3　解決方案、體驗和意義：Vox

Vox是一家波蘭的傢俱製造商，由彼得．弗爾克爾（Piotr Voelkel）創立並擔任董事會主席。2011年，弗爾克爾關注顧客人口統計特徵的重大變化，特別是歐洲人口的高齡化。Vox如何應對這種情況？他認為，不能僅透過改進現有產品，還需要透過對傢俱的全新詮釋來抓住環境變化帶來的機遇。

為了創造新的意義，他開始在組織中激發個人的批評能力。他要求19個人（包括他自己）思考Vox如何為人口高齡化的市場設計新產品。他闡明了情景方案，然後讓大家各自獨立思考一個月，並提出產品、服務或商業模式方面的一個或多個建議。在如何反思方面，他賦予每個人充分的自主權，如是否基於定量市場資料（一些人之所以被選中，是因為他們已經對這一問題進行了明確的研究），或透過日常觀察，或從不同來源收集各種洞見。然而，他向他們提出了一個嚴格的要求：每個解決方案應該有新的意義，即應該基於新的價值參數，而不是改進現有的參數。這能幫助他們拓展他們的思維。在這個月裡，這些人獨立自主地構思了90個提議，其中7個是由弗爾克爾本人提出的。下面是他們早期假設的例子。這些建議是透過圖6-5所示的句子創造出來的。

解決方案：櫥櫃上LED的燈光可以在夜晚照亮路和走廊。

體驗：當我醒來的時候，**能讓我**不在黑暗中行走。

意義：**因為**我希望生活在安全的家裡，不給家人添麻煩。

解決方案：一張配備簡易健身設備的床（如固定在床架上的鬆緊帶）。

體驗：**能讓我**即使在床上，也能透過簡單的鍛練來保持健康。

意義：**因為**我希望保持活力，即使我需要在臥室裡待很長時間。

解決方案：一張可調整大小和高度的組合式桌子，抽屜裡的工具可方便取用。

體驗：它**能讓我**與他人一起活動：烹飪、畫畫或玩耍。

意義：**因為**我希望有個方便社交的家，客人樂意來訪（尤其是我的孫輩）。

◎新意義和新生活體驗

解決方案可以是幾種生活體驗的一部分。以食物為例，它可以被看作是「我如何變得健康」或「我如何透過烹飪與人交往」的一部分，如圖 6-7 所示。

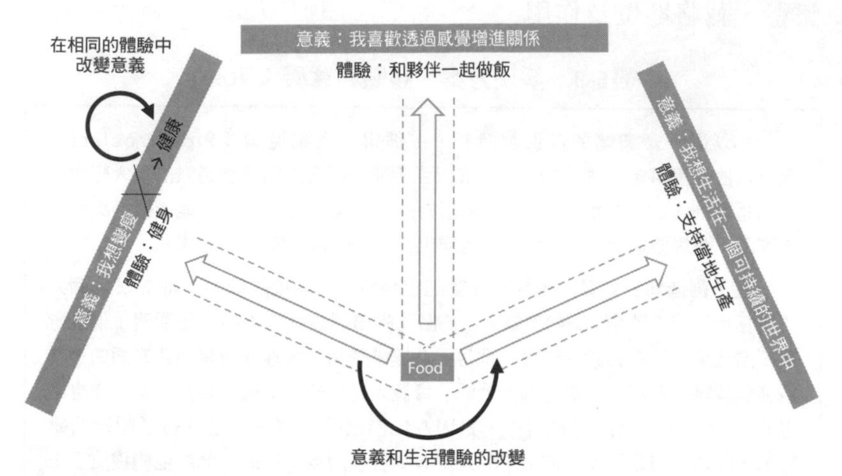

圖 6-7　新意義和新生活體驗：產品是幾種生活體驗的一部分，我們以食物為例進行說明，可在相同的體驗中進行食物意義的創新（例如，改變「健身」的意義），或突出某一新的體驗（例如，從健身到支持當地的食品生產）。

儘管所有這些都同時發生，但隨著時間的推移，產業內往往會傾向於採取普遍一致的觀點。一個觀點會慢慢地佔據主導地位。因此，意義創新有以下兩種方式：

- **在相同體驗中意義的改變**。例如，預先做的沙拉和格蘭諾拉燕麥片（hemp granola）同樣解決了健身的體驗。但是，富含蛋白質的格蘭諾拉燕麥片可以改變「健身」對人們的意義：從苗條和勻稱到健康和強壯。
- **改變生活體驗**。例如，流行的慢食運動認為吃是一種

「農業行為」：吃只是農業的最後階段。「當我們吃蘋果的時候，」慢食的創始人挑釁地說，「我們其實是在服務整個供應鏈，包括種蘋果的農民。透過購買來自阿爾卑斯山偏遠山谷的一種稀有的乳酪，在標準食品生產商主導的全球市場中，我們可以幫助『瀕危食物品種』生存。」

從這個角度來看，在**新的**生活體驗中，食物被認為一「我如何支持當地生產和食物品種多樣性。」

◎從使用者到人們

有一點很重要：延伸到意義的水準意味著需要退出**使用者**的角度來關注**人們**。兩者是不一樣的。例如，我們不妨來分析美國廣播公司《夜間連線》的《深潛》中介紹的IDEO創建的購物車。IDEO團隊**接近使用者**，觀察他們如何使用**現有的**購物車。這提供了對他們**現有**行為的洞見。實際上，它甚至還進一步**支持**了這些行為。例如，團隊最終創建了一個大型組合式購物車，其中有個可移動的小籃子。這種解決方案的靈感來自專業購物者的行為，他們將笨重的購物車作為固定的儲物中心，然後迅速地逛超市、尋找他們需要的東西。在現實超市中，這種創意從未流行過。與此同時，一種不同的購物車變得流行起來：滾動購物籃（即顧客可以推動的裝有輪子的大塑膠籃子）。這種解決方案介於兩種傳統選擇方案之間：大購物車和小籃子。[2] 為什麼它成功地超越了IDEO的大型組合式購物車？因為大型購物車發明後，**人們的生活**發生了變化，變得很難預測。當我還是個孩子的時候，媽媽每週六去購物一次，因為她清楚接下來七天的情況：我父親、哥哥、母親和我在家裡吃午飯和晚餐。而現在，大多數人都不知道明天晚上會和誰一起吃飯。他們不能計畫一週的食品雜貨需求。相反地，他們會更頻繁地購物，但每次的購物量都會少一些。在這一新的情況下，大型購物車就沒有什麼意義了。而中等大小的購物車則對人們（在超市裡可以快速移動）和店主（他們想賣得比用傳統的小購物籃多一些）都有好處。

由於關注使用者，團隊忽略了使用者背後的人。透過逐步接近現有的使用情況，他們改進了現有的體驗，但他們忽略了大環境中的變化：人們生活的深刻變化。購物車不只是購物車，也是購物的一部分，而購物則是更廣泛體驗的一部分：我如何安排生活，以便在我需要的時候家裡有物可用？透過逛超市和觀察顧客使用現有購物車的情況，我們永遠都不會捕捉到人們是如何對購物體驗賦予意義的。最好退一步想一想購物者是如何安排生活的。透過觀察他的日常生活，而不是看他如何推購物車，我們就能更好地捕捉到這一點。

擴展二：從現有意義到新的意義

第二次擴展既是對新意義的描述，也是對現有意義的描述。換句話說，我們想弄清楚到底發生了什麼**變化**。這一意義的變化，如圖 6-8 所示，圖中用箭頭表示「方向」。

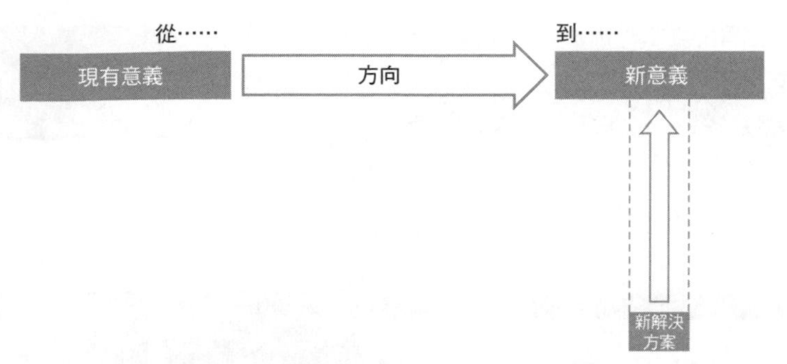

圖 6-8　在現有意義和新意義之間的擴展。

明確變化有幾個好處。第一，正如第四章所說的那樣，我們透過差異和比較來**更好地理解**。為了抓住新東西的本質，我們需要把它與舊東西進行比較。第二，我們關注提議中真正新穎的內容，並邀請其他人提出意見，將更多的意見彙聚到**創新**的方向。第三，因為我們披露了自己對「為什麼現有情況沒有意義」的假設，所以我們能夠進行自我批評。第四，當我們涉及他人的時候，我們為即將開始的批評藝術鋪平道路。事實上，正如第四章所說的，在我們不喜歡的方面尋找共同點，要比在我們喜歡的方面容易得多。確定「從哪開始」可以為進行批評對話打下基礎。

圖 6-9 用簡單的表格總結了擴展實踐（從解決方案到意義和從現有意義到新的意義）。該表格還包含了一個可以放圖像（圖畫、照片、隱喻等）的空間，這可以具象地表示新的意義。這在後面與其他人分享假設時會有用。圖 6-10 是 Vox 老年人傢俱專案的報告。

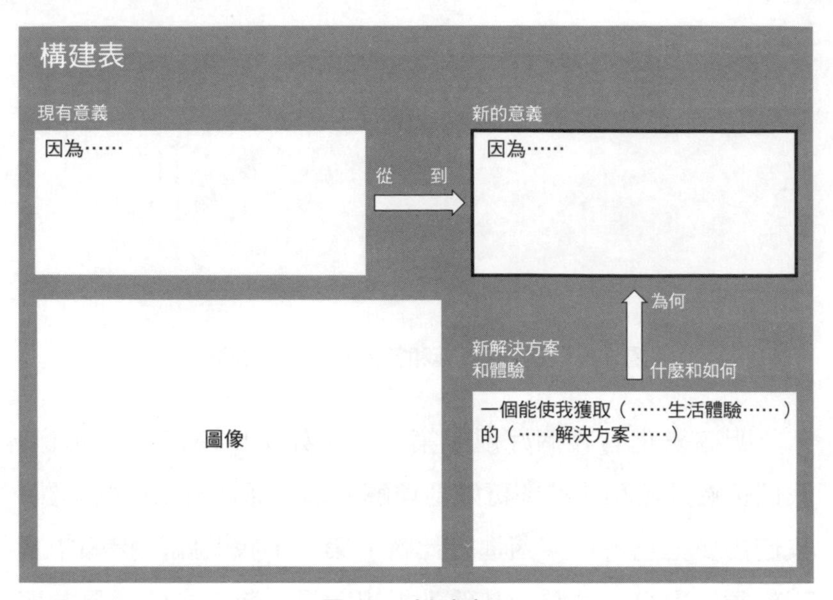

構建表
現有意義
因為……
從
到
新的意義
因為……
為何
圖像
新解決方案
和體驗
什麼和如何
一個能使我獲取（……生活體驗……）的（……解決方案……）

圖 6-9　構建表。

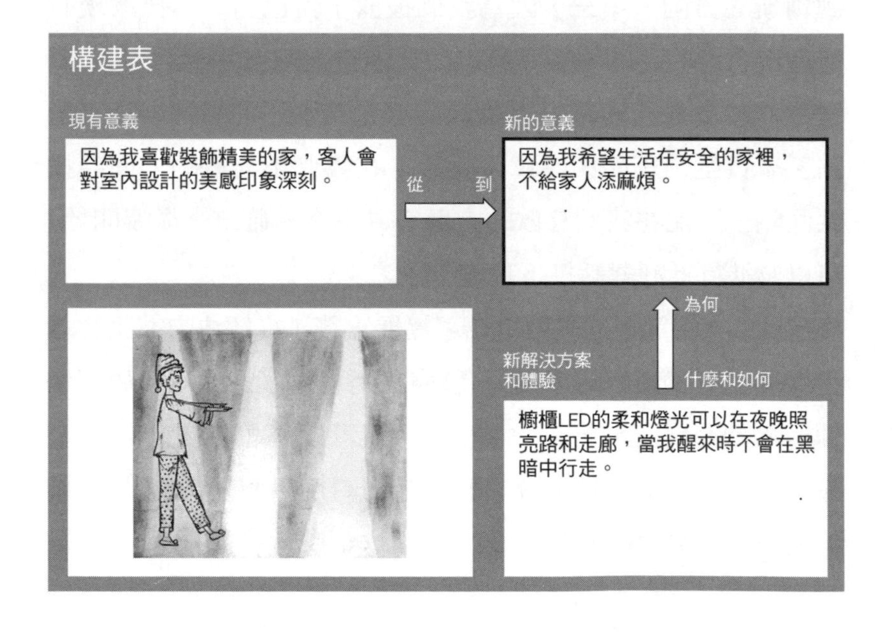

構建表
現有意義
因為我喜歡裝飾精美的家，客人會對室內設計的美感印象深刻。
從
到
新的意義
因為我希望生活在安全的家裡，不給家人添麻煩。
為何
新解決方案
和體驗
什麼和如何
櫥櫃LED的柔和燈光可以在夜晚照亮路和走廊，當我醒來時不會在黑暗中行走。

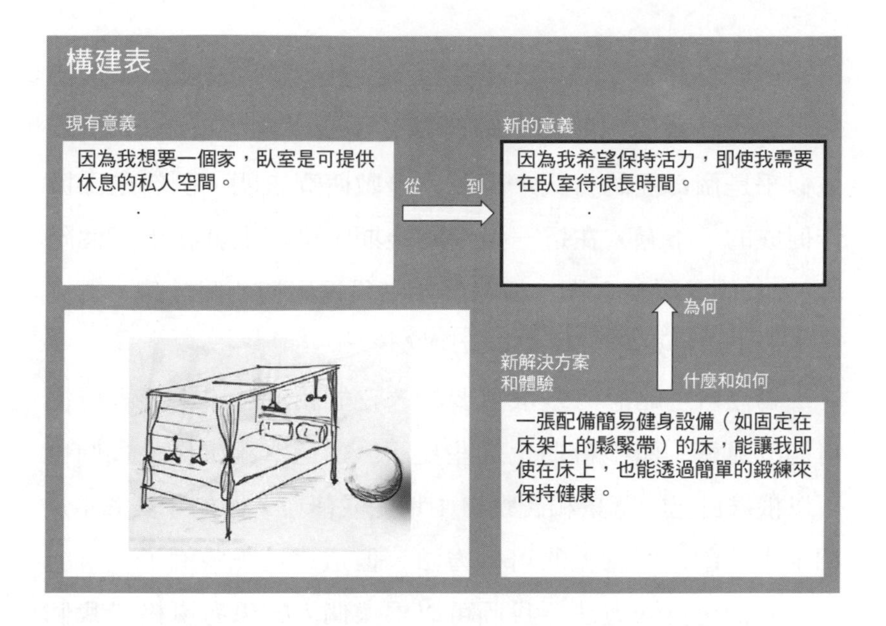

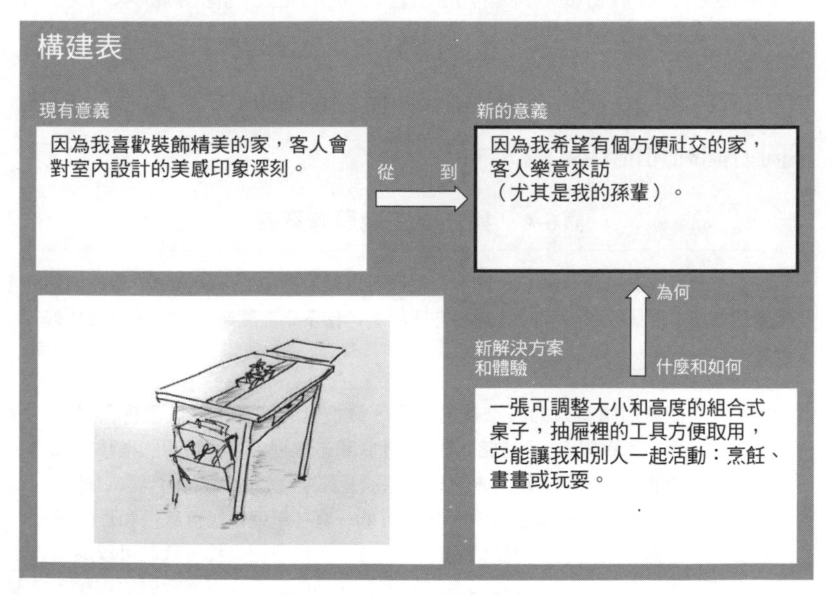

圖 6-10　Vox 的構建表。

獨立自主地工作

意義創新過程的第一階段應該由個體獨立自主地工作。這似乎是個奇怪的方式，因為大多數研究表明，創新是由協作促成的。不過，在這一過程的後期（實際上就在下一個階段），我們就需要合作。但在開始階段提出初始假設時，獨立自主地工作會更好一些。為什麼？

獨立自主的思考是很重要的，它能讓每個人先深入挖掘自己的見解，而不會弱化這些見解。透過單獨工作，我們也可以根據自己的背景和觀點自由地完成任務。例如，表 6-4 介紹了支持創建新意義的可行方法。但這只是一些例子，可能還有其他可行的方法。我們可以根據個人的思考風格或我們開始時具有的資訊類型進行挑選，並將它們整合起來。坦白說，沒有最好的方法，[3] 也不應該有，因為異質性是重要的資產。在 15 到 20 個人的團隊中，使用的不同方法越多，提出不同方向的可能性就越大。

表6-4　獨立自主地思考意義

有很多方法可以支持我們創造新意義。我們可以使用其中的一個方法，或綜合使用幾個方法：從比較接近我們背景的方法出發，接下來嘗試新的方法，然後比較洞見。

引出	簡單而強有力的方法是向內看、只披露「我們希望人們會喜愛什麼」。事實上，我們都沉浸在社會和市場裡，隨著時間的推移，我們會隱性地形成新的方向感（特別是如果我們的情況符合表6-1所示的內容）。在潛意識中，我們可能一直在悄悄地儲存感性和理性的思想，因為沒有討論的場所。現在，時機已經來臨，我們可以展現過去幾個月裡一直在潛意識裡默默創造的東西。根據我們的經驗，這是最有效的開始方式。

分享	一個有效的做法是與我們信任和尊重的人分享我們早期的思考。在這一早期階段，我們的假設只取決於自己，因此，我們不需要與別人協商或整合。簡單地說，向其他人明確闡述我們模糊的願景可以激勵我們進行更深入的思考，他們的評論和洞見也可以幫助我們反思。
製作	另一個強有力的方法是使我們的思考具體化。我們可用新產品方案的示意圖來實際表達意義，也可以模擬其他的具體表達方法。例如，設想一下，我們想透過行業雜誌來推廣新的意義，它的封面會是什麼樣子的？或者設想一下，如果我們想要圍繞新的意義組織一次會議，會議的主題和議程是什麼？或者會議手冊是什麼樣的？[4]
非結構化的定性分析	當我們思考意義的時候，對人們進行觀察當然是個有效的做法。然而，我們不應該把注意力放在「使用者」身上，而應該放在「人們」身上。我們應該觀察他們怎樣體驗生活（使用產品只是其中的一小部分）。類似的方法是利用同理心，也就是設身處地地思考，自己去嘗試體驗。[4]
結構化的定量分析	有很多框架可以幫助我們反思可能的新意義。例如：戰略畫布和四行動框架；要做的工作和顧客中心創新圖；價值主張畫布；狩野模式；移情圖；發現驅動型創新；顧客體驗和顧客旅程地圖；框架內創新。[5]
定量來源	當然，提供定量資料的研究和報告總是有用的，資料採集技術可能也會對此有所幫助。然而，在早期階段，建議避免花太多時間收集定量資訊，只要試試看是否已經有定量的資料和報告就可以了。同樣地，關注點不應該放在解決方案和使用者身上，而應該放在體驗生活的人們身上。

當然，獨立自主的工作並不意味著我們不與其他人談論。與人分享我們的想法可能是非常有益的。重要的是，在這一早期階段，我們對自己的建議充分負責，不需要協商或妥協。與我們交談的人可以提供見解、刺激和評論，但這一階段的建議必須來自我們自己。緊張和碰撞會在後面的過程中出現。

花時間

很久以前，在一個村莊裡，一個有錢人請一位著名畫家為他心愛的馬作畫。很多年過去了，畫家還沒畫好，預先付了稿酬的有錢人想知道為什麼要花這麼長時間。最後，年邁的他又急又氣，跑到畫家那裡索畫。一番商討後，畫家抓起畫筆，大約只用了二十下心跳的時間，就一氣呵成，揮毫畫好了一幅傑作。看到畫家這麼快就畫好了，老人怒火中燒。但當轉身離開時，他看到畫室的後面放著數千幅草圖，那是畫家為了完成他的傑作所做的準備工作。老人這才明白了畫家的努力及其結果的價值。

這個故事來源於丹尼斯・海士黎（Dennis Haseley）的小說《二十下心跳》（*Twenty Heartbeats*），[6] 故事中引用了在創造過程中常常被遺忘的一個重要維度：時間的價值。特別是當創造新的願景時，時間尤其重要。意義創新是基於反思而不是創造的。我們不需要很多建議。在我們的許多項目中，個體會創造三到四個假設（可能只有一到兩個是有用的）。填寫如圖 6-9 所示的構建表可能真的只需要二十下心跳的時間。重要的是他們已經過深思熟慮了。意義創新需要的是**深度**而不是數量，而深度需要的是**時間**。

我們應該根據自然日而不是工作日來計算時間。我們需要時間讓思維休息，並與我們的建議保持一定的距離，讓它們沉澱下來，然後再用新的視角重新思考它們。

Vox 的例子表明，他們並沒有舉行快速構思會議，如腦力激盪、創造新意義等。相反地，彼得．弗爾克爾讓每個人在一個月內邊正常工作邊思考。全身心的投入是不必要的，因為這是讓這些人提出內心假設。而給他們一個月的時間，則可讓每個人都理清自己的想法，使之條理化和明確化；然後，休息幾天，再用新的理解對假設進行批判性思考和重新考慮，並添加新的假設，從而杜絕即興思考。尤其是對保護最具創新的古怪假設，這是特別重要的。這些假設通常比較脆弱，因為它們比較模糊和混亂，甚至對提出假設的人來說也是如此。快速構思會議會擱置那些稀奇古怪的假設。給人們一個月的思考時間，可讓他們在那些奇怪的方向上努力，使假設更有說服力，在揭示之前更完善。

為了反思和批判性地重新考慮我們的假設，我們可以反覆運用表 6-4 介紹的不同方法。我們可以先透過填寫構想表來引出內心的直覺。過一段時間後，再回過頭來使用我們更順手的方法（如觀察人們）來研究假設。它是否充分支持我們的直覺？為什麼？然後，我們可以修改創造表或提出完全不同的假設。接著，再透過和我們信任的人交談並重複前一步驟。我們可以分享我們的願景、反思、修改，然後擱置假設。過一段時間後，再使用另一種方法重新考慮我們的見解。例如，我們可以使用結構化分析方法（如「要做的工作」工具），看它是否進一步支持我們的方向或提供了不同的見解。如此反覆嘗試，向前推進。

表 6-5、表 6-6 以一個歷史案例（拉斐爾和聖母的意義）介紹了時間的力量。這一例子解釋了他在創造新意義過程中

的努力和思考。這個過程耗費了他六年的時間，因為這個例子標誌著歷史上最偉大的一次文化革命：從中世紀到現代世界的轉變。不過，我們不需要這麼多的時間，一個月的自我反思就完全足夠了。**一個月**有720個小時，我們的大腦一直在思考，特別是在我們睡覺的時候。或者說一個月有30個早晨的淋浴時間（對於那些在溫暖的水傾瀉到脖子上時覺得頭腦清醒更容易思考的人來說）。這些時間絕對比腦力激盪會議的兩個小時要多得多。

表6-5　自我反思的時間力量：拉斐爾和〈作為女性的聖母〉

拉斐爾．聖齊奧（1483～1520）是文藝復興時期的重要畫家。他的藝術作品和同時期其他大師的作品（如米開朗基羅和李奧納多．達文西等）標誌著歐洲歷史性的變革：中世紀的結束和新時代的開始。在他的一些作品中（例如，在梵蒂岡博物館拉斐爾畫室的壁畫），最引人注目的是以聖母瑪利亞和嬰兒耶穌為題材的一系列畫作。這些作品是當時意義發生變化的突出例子：從中世紀的「聖母瑪利亞是宗教象徵」轉變化人文角度的「聖母是女性」。而在此之前，人們認為這一新意義是古怪甚至是褻瀆的。

下面我透過比較兩幅畫——中世紀的《大眼睛的聖母瑪利亞》（1260）和拉斐爾的《金翅雀聖母瑪利亞》（1505～1506），來介紹這一意義的創新。這一例子的重點是拉斐爾如何完成這一傑作。透過一系列早期的繪畫，我們可以很容易地觀察到他對「聖母是女性」這一新意義不斷反思的過程。在此，我只列了幾個畫作（在網上很容易找到這些畫作的照片）。在聖母作為女性的人文意義而不是宗教象徵的意義方面，我們可以看到他的第一次嘗試、反思及後來的修改。我們幾乎可以讀出他的思維：六年來，他很緩慢地擺脫了自己的成見和思維框架的局限。當然，拉斐爾在這方面的畫作比我介紹的多很多。透過這些作品，你可以欣賞並確定他進行意義重大轉變的自我反思路徑。

舊意義（中世紀）：聖母瑪利亞是宗教象徵	新意義（文藝復興）：聖母瑪利亞是女性

舊解決方案（中世紀）：《大眼睛的聖母瑪利亞》（1260）[7]	新方案（文藝復興）：《金翅雀聖母》（拉斐爾，1505～1506）[8]
聖母瑪利亞站在抽象的金色背景下	聖母瑪利亞站在真實的自然背景下
她戴著光環和面紗	她沒有光環，也沒有面紗
她的形象是扁平的，畫作沒有採用陰影、明亮部分或透視畫法	她的形象是有曲線的身材，畫作用陰影、明亮部分和透視畫法表現出其形象
她和耶穌面無表情	她和耶穌有人類的情感
她用一個手指托住耶穌（耶穌沒有重量）	她把耶穌放在地上，他有重量
只根據其宗教的重要性，人物沒有比例	根據他們的年齡和觀察者的距離，人物具有正確的比例
人物間沒有互動	人物間有互動，並從事人類的活動

拉斐爾的自我反思路徑

《索利聖母》（1500～1504）[9]	這幅畫中包含大多數新的解決方案。然而，聖母仍然戴著面紗，只用一隻手指抓住耶穌。耶穌似乎有一種不自然的輕盈感。我們幾乎看不清這幅畫的背景
《莊嚴聖母》（1505）[10]	聖母用兩隻手抱住耶穌（耶穌有重量）
《小考佩爾聖母》（1505）[11]	人物站在清晰的自然背景下。聖母沒有面紗和光環
《草地上的聖母》（1506）[12]	聖母將耶穌放到地上
《金翅雀聖母瑪利亞》（1506）	人物之間的比例是正確的（施洗約翰在耶穌的旁邊；他們都是孩子，但約翰有六個月大，實際上看上去要更大一些）。他們都在進行孩子的活動（他們和金翅雀玩耍）

圖 6-11　《大眼睛的聖母瑪莉亞》

資料來源：Master of Tressa, *Madonna of the Large Eyes, c.* 1260. Photo: Museo dell' Opera Metropolitann, Siena, Italy. Scala/Art Resource, NY.

圖6-12　《金翅雀聖母瑪莉亞》（拉斐爾，1505～1506）

資料來源：Raphael, *Madonna with the Goldfinch* (*Madonna del Cardellino*), 1506. Photo: Scala/Ministero per i Beni e le Attività culturali / Art Resource, NY.

用自我批評的方式揭示我們的意願

在第五章，我們看到了「透過判斷進行創造」的由內而外的意義創新過程。這是透過批評創造可能性的過程。這一過程從我們自身出發。我們獨立自主地創造新的可能性。這是一個自我反省和自我批評的過程，最初是由個體獨自完成的。我們先假設，然後擱置假設，一段時間後，再**仔細考慮**我們的假設。這種反思行動的過程是許多創新設計的核心。[13] 圖 6-13 總結了這一過程的各個階段。

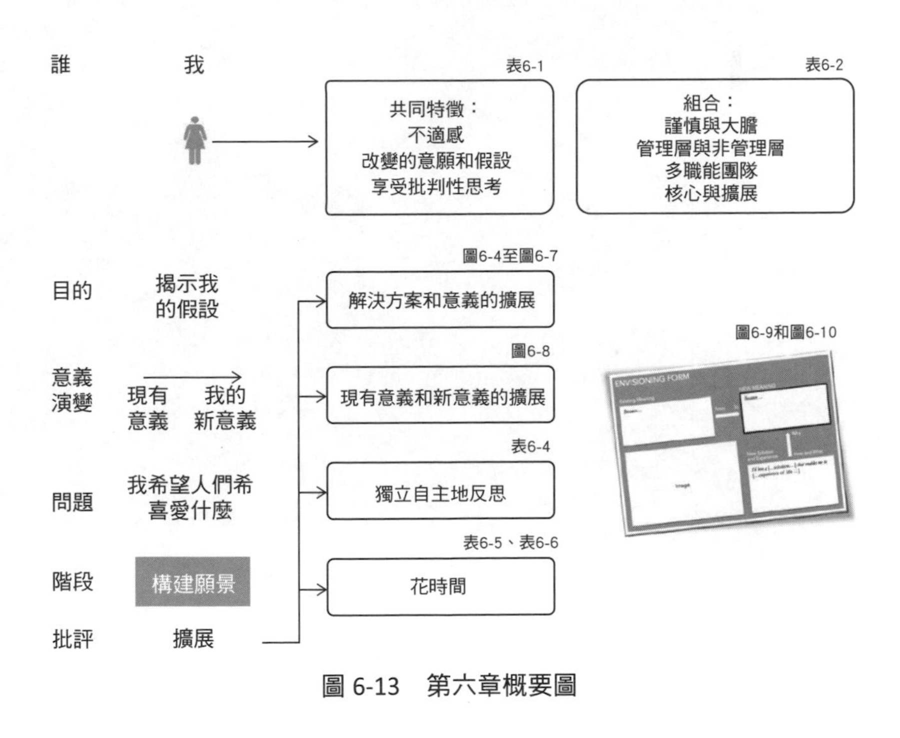

圖 6-13　第六章概要圖

第七章

意義工廠：內部人員的批評

The Meaning: Factory Insiders' Criticism

意義創新過程的第一階段是創造初始假設。一群獨立進行意義創新的人捫心自問：「我希望人們會喜愛什麼？」這些初始假設是開始意義創新的珍貴素材。

然而，這只是開始，我們不能停留在個人的假設中，還需要創造強有力的新詮釋。現在正是透過批評的藝術進行更深入挖掘的時候了。

在第六章，我們已經介紹了如何進行批評。準確地說，自我批評是與自主創新同時開始的。而現在，我們需要歡迎其他人的批評。在這一章，我們將著重分析如何透過與內部人員（即組織內部其他人員）的合作利用批評的藝術，下一章我們將著重探討外部人員在意義創新過程中扮演的角色。就像第六章介紹的那樣，這些**內部人員**已經獨立創造了初始意義。現在他們可以互相比較他們的假設了。

與內部人員有兩種合作方式，也可以說有兩個階段，具體如圖 7-1 所示。

第一階段是前面各自獨立創新的**兩人成對**進行批評合作。這種批評的目的在於**加深**理解：我們需要更好地理解每個假設的意義（即使對提出假設的人而言，通常也並不清楚其假設的意義）。尤其當我們想創造和培育最具創新性的方向（其在開始時可能是極為脆弱的，但具有強大的潛力）時。因此，我們需要慎重對待這類批評。只有在一對相互信任的夥伴，即在具有**類似**創新方向的兩個人受到保護的親密環境下，這類意義創新才能開花結果。因為創新方向很相似，所以比較容易發現彼此之間的差異，從而可以培育和加強雙方的願景。

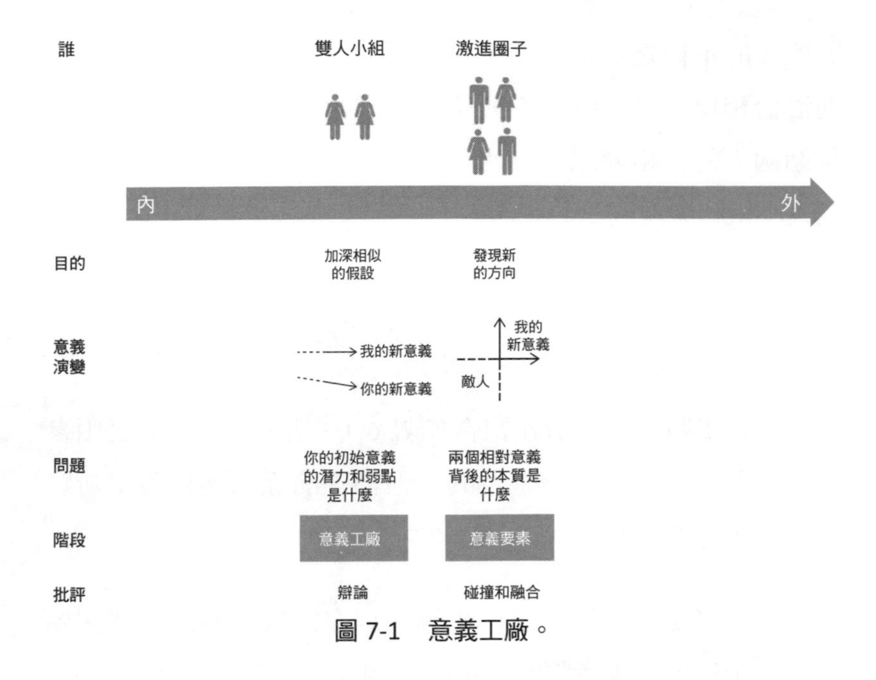

圖 7-1　意義工廠。

我們在此要解決的問題是：「**你的**初始意義的潛力和弱點是什麼？」

第二階段是在整個**團隊**中進行批評合作。第二階段的批評旨在發現**新**方向：我們需要透過比較和整合**不同的**假設來尋求前所未有的新理解。為此，我們需要把成對的個體（雙人小組）組成更大規模的團隊，這就是**激進圈子**（參見第五章）。透過整合不同雙人小組的工作成果進行思維碰撞，我們就能夠超越明顯不同的地方，發現雙方共同的新意義。因此，對立和緊張對創新是有用的。在這一階段，批評會更加尖銳。這裡要問的問題是：「兩個相對的意義背後的本質是什麼？」

所以，為了使它們**更強大**，雙人小組的工作需要關注**相**

似假設的**不同之處**；而為了找到**新的**意義，激進圈子的工作則恰恰相反，需要關注**不同**假設的**共同之處**。本章將闡釋在為期兩天的緊張會議（我們稱之為意義工廠）中，如何開展雙人小組和激進圈子的工作。

誰

意義工廠（其特徵和組合如表 6-1、表 6-2 所示）是由參與創造願景假設的人員進行的。他們在前面已經假設了新願景，現在可以做下列事情（如圖 7-2 所示）。

- **分享**這些假設，這一步驟可以在意義工廠的會議開始前完成（本步驟的具體描述如表 7-1 所示）。
- **彙集**眾人的各種假設來確定相似點和不同點（本步驟的具體描述如表 7-2 所示）。
- 就相似方向**展開辯論**來使之更強大。
- 對不同方向進行**碰撞與融合**來發現新方向。

我們接下來將深入分析第三步和第四步。

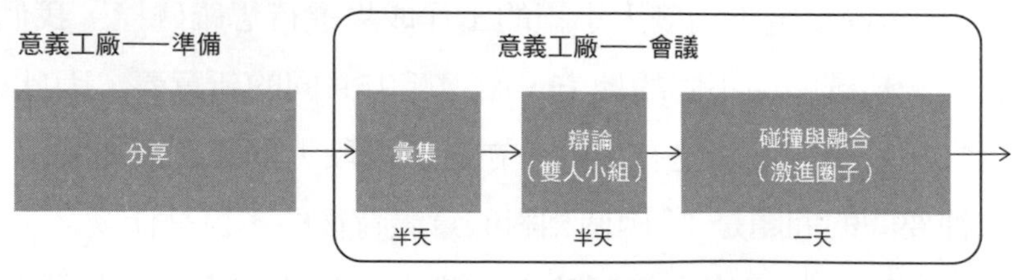

圖 7-2　意義工廠的步驟。

表7-1　分享

意義工廠的第一步是分享之前已初步創造的假設。這一任務在兩個階段——會議準備階段和兩天議程的第一項議程中，都可以進行。先讓我們看看會議開始前要做些什麼。

收集假設	會議開始前一個星期，每個參會者把他對新意義的假設，即「我希望人們會喜愛什麼」的願景，交給會議協調者。如圖6-9所示，在這一步驟，可以用電子郵件的方式發送自己創造的願景。有效的做法是，在深思熟慮後，只提出兩三個假設，但是每個參會者想發多少都可以。
分享假設	會議協調者彙集所有假設，並把所有假設提供給全體會議人員。
仔細分析	在準備時，每個參會者透過以下問題分析其他參會者的假設。 • 每個假設的背後是什麼？某個參會者都至少提出了一種解決方案和意義，但我看到這個假設在其他方面的潛力了嗎？同樣的意義創新，我可以用一種更好的解決方案去達成嗎？或者，同樣的解決方案的背後是否有更強有力的意義？我可以把同樣的解決方案延伸到不同的顧客體驗或不同的方向嗎？ • 在幾個假設中，哪個與我的假設最接近？哪個參會者的方向與我最一致？會議中我想與誰結成一對？ • 看完所有的假設後，我是否想要重構假設？怎麼重構？又或者，我有沒有想到其他新的假設？ • 看完所有的假設後，在我的假設中，最獨特、最有潛力的是哪個？如果要從我的假設中選擇一個在會議上展示，我會選哪一個？

表7-2　彙集

意義工廠圍繞兩天的緊張議程展開。先進行必要的介紹，如挑戰、議題和參會者，以及暖場，即參與者對個人創新意義的思考，例如，兒時回憶、個人喜好、對他們有意義的穿著，可以借助物品進行描述。接下來的第一個任務是收集參會者在準備會議時創造的假設。這個任務在全體大會時完成，大約需要持續三個小時。我們需要給予參與者足夠的時間與空間來思考每個假設。

一、呈現	每個參會者呈現他創造的最獨特、有趣的假設。張貼描述假設的表格。在表格旁邊標記一個「方向」（即用一個大箭頭指出意義的變化，從……到……）。標記方向的目的是強調關注的意義（如圖7-3所示）。
二、擴充	其他參會者擴充剛剛展示的假設內容。如果他們在假設中發現一個更強有力的不同的意義，我們就要把一個表示意義轉變的新方向黏貼在這一假設旁邊。或者他們發現了描述同樣意義的一個更好的方式。這時，我們可以對剛剛展示的表格內容和方向進行修改與重新描述。
三、繪圖	下一個參會者展示他的假設。如果該假設與已呈現的假設意義相似，我們就把他的表格與已呈現的相似假設的表格張貼在同一個方向上。不然，我們就得開闢一個新的方向。
四、拓展	每個參會者都呈現了自己最有趣的假設後，我們就有了一張彙集了意義變化可能方向的假設圖。然後，我們就可以關注參會者還沒有展示的其他假設。我們要詢問是否還有與圖上不同的假設。如果是這樣的話，我們就請參會者展示這一假設，並在圖上加上該新方向。
五、填充	當參會者剩餘的假設不能再指出新方向的時候，我們就可以請參會者把這些假設放在圖上已經展示的類似方向的旁邊。這樣就把每一個可能的意義變化與對以後有用的若干情況（解決方案）聯繫在一起。

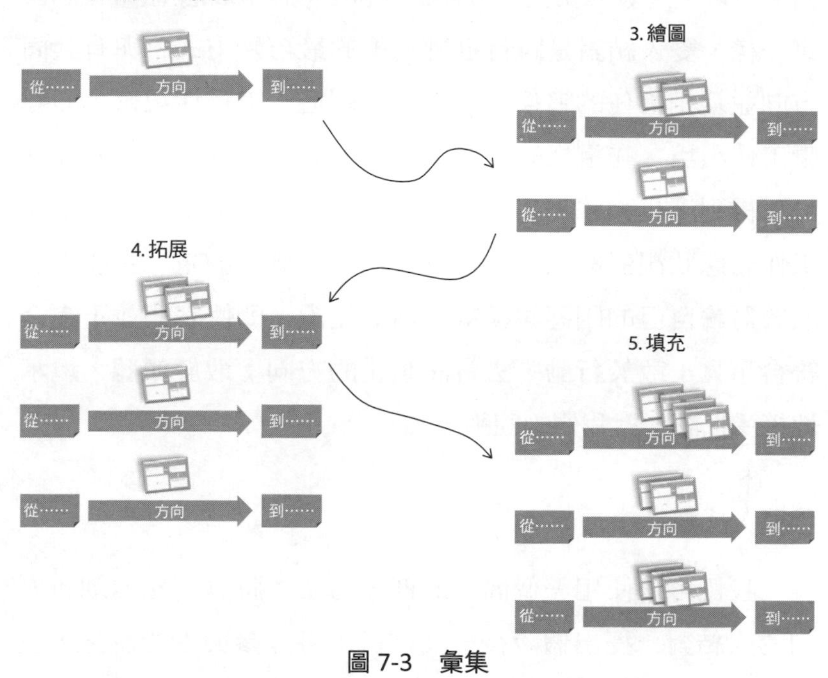

圖 7-3　彙集

辯論

> 如果兩個人在任何事情上都意見一致，你大致可以確定其中只有一個人經過了思考。
>
> ——林登・貝恩斯・詹森（Lyndon B. Johnson）

一旦確定了所有的方向，我們就需要深入挖掘。這樣做的目的是確定相關方向背後的潛力和弱點。最好的方法是組成雙人工作小組，即把一大群人分成方向相似的若干雙人小組。事實上，就像第五章介紹的 Xbox 團隊和印象派畫家的故事一樣，雙人結對是踐行批評藝術的最巧妙方式。與有共同方向並互相信任的夥伴合作，就能創造「工具性親密」的健康工作環境。在這樣的工作環境裡，醞釀中的不成熟假設就可以得到深化和強化，避免被扼殺的風險。受到保護的雙人工作動態狀況能夠激發、鼓勵人們的勇氣和膽量。它使人們敢於**討論**自己的困惑與模糊不清的見識，即使它們並不完全符合事實；敢於**行動**，去嘗試禁止的方向；敢於**傾聽**，坦承地接受批評者對我們的回饋。

◎雙人成對

我們可以使用一個簡單的匹配方法：將具有類似創新方向的人結對。提出假設後，我們徵求每位參與者的意見，在提出的現有假設中，他更傾向於探究哪個方向。如果有偶數個人傾向於某個方向，那麼很容易組成雙人小組。反之，如果有奇數個人傾向於某個方向，我們就請其中一位再選擇一次，依次類推，直到所有的雙人都結成對。

◎成為辯論對手

結對的雙人具有共同的方向。但在會議開始之前，他們有可能對同一方向持有不同的詮釋。他們現在的目的是根據各自獨立形成的詮釋來達成共同的提議方案，從而獲取更深入的思考和理解。

實際上，他們的任務是形成一張總結雙方共同反思的發想表，如圖 6-9 所示，表中列出現有意義、新的意義和解決方案。在此之前，他們已經各自運用過發想表了。

在這一任務中，他們要先關注兩人初始詮釋的（細微）差異。事實上，透過關注這些不同之處，他們就塑造了有利於更深入探討的緊張氛圍。透過互相挑戰，他們就成為辯論對手。透過壓力來測試各自假設的潛力和弱點，從而使之更強。這樣做的目的是進行批評。支持對方或更糟糕的消極應對是沒有什麼成效的。成對的雙人需要把自己**投入**批評性**討論**中，而不僅是交談。辯論越激烈越好。在這種情況下，緊張是一種有利的資源。結對的雙人因為有一致的方向，所以，他們彼此信任，可以安全地辯論。

其中一位扮演挑戰者，另一位扮演辯護者。挑戰者陳述辯護者提出的假設：挑戰者用自己的語言陳述辯護者喜歡什麼、懷疑什麼，最後拿出一張空白表格，用自己的語言重新填寫辯護者的假設。接下來辯護者詢問挑戰者為什麼他使用不同的語言或提出不同的解決方案。

在批判性思考中需要注意語言，這是很重要的。剛開始，願景是不清晰的，語言措辭也不準確。往往在搜尋合適詞語的過程中，才逐漸對意義產生了更深層的理解。

接下來他們互換角色：辯護者變為挑戰者。這樣做的目的是挖掘出他們個人無法發現的潛力，找出有缺陷的假設，特別是要使他們的提議明晰化。

最後，他們一起填寫共同構建表，以此來展現他們所達成的詮釋的豐富性。這張新表格揭示了他們的方向（從現有意義到雙人重新解讀的新意義）和解決方案。在他們自己創造的假設中，或在初始分享會議上其他人提出的建議中，這一解決方案是最有代表性和最有趣的。我們把這種解決方案叫作「模範解決方案」，因為它是他們把意義變化轉變成新產品或服務的最佳實例。

每對雙人最終都要把他們的共同願景呈現給意義工廠的其他參與者。與會議開始階段的情況類似，其他人提供回饋，尤其是針對這對雙人在討論中沒有抓住的意義的回饋。我們可能需要提供八到十份表格（每對雙人一份），因此，分享過程可能會比較迅速。

碰撞與融合

> 我喜歡爭論，也喜歡辯論。我不希望任何人只是坐在那兒附和我。那不是他們應該做的事情。
>
> ——瑪格麗特·柴契爾[1]

雙人有共同的方向。雙人協作的目的是沿著創新方向挖掘更深層次的東西，並提出更清晰、有力的詮釋。下一步（通常是在意義工廠的第二天）關注的是彼此明顯**不同**的方向。它的目的是揭示相對的意義背後的本質，以發現任何參與者無法單獨創造的新詮釋。我們需要進行更深入的挖掘，在此過程中，我們就進入了**從未探索過**的領域。

這一步驟需要整個團隊（15 到 20 人）的參與。這個團隊就是激進圈子。他們透過**碰撞**與**融合**開展工作。碰撞意味著製造緊張氛圍來明確比較不同的方向。雙人小組處於工具性親密狀態，而激進圈子則處於對抗狀態。激進圈子的批評會十分尖刻。但是素材，即雙人創造的方向，不太可能屈服，因為在此之前辯論對手間的協作使之強大了。

碰撞不是為了挑選出哪個方向是正確或錯誤的，而是為了把它們**融合**成新的東西。融合意味著理解**為何**方向不同及其背後的本質是什麼。如果其他參與者創造了不同的方向，而且他們已經以雙人成對的形式討論過這些方向，他們就有可能已經獲取了我們遺漏的洞見。也就是說，明顯相對的方向可能會支持更有趣的情景方案。請注意，碰撞並不意味著把兩個不同的方向融合成為一個介於兩者之間的方向。它不是折衷的情景方案，而是沿著某一方向進行更深刻的挖掘。「我批評你的方向，先製造緊張態勢，然後把你我二人的方向整合在一起，反之亦然。我們並不是折衷，而是在你的方向或我的方向上進行更深入的挖掘。」這是黑格爾所謂的揚棄（Aufheben）。[2]

為了把緊張態勢轉化成創造性能量，我們需要一如既往地謹慎對待批評。以下措施有利於實施激進圈子的批評藝術。

- 關注興奮因素
- 四人小組創新和激進圈子挑戰
- 先關注敵人

- 使用隱喻

◎關注興奮因素

當我們作為激進圈子開始工作時，我們已經有了雙人創造的 8 到 10 個方向。有人可能會想同時對所有方向進行比較，但這一任務太複雜了。事實上，即使一個產品有許多不同的維度，而從意義上使之突出的也只是幾個重要的參數。我們只需要關注**興奮因素**，即對顧客產生重要影響的少數幾個維度。[3]

因此，如果只選擇其中兩個我們認為最令人興奮的方向繼續進行下去，不同方向的碰撞與融合就會有效得多。因此，激進圈子的工作就是產生如圖 7-4 所示的圖表，即我們所稱的

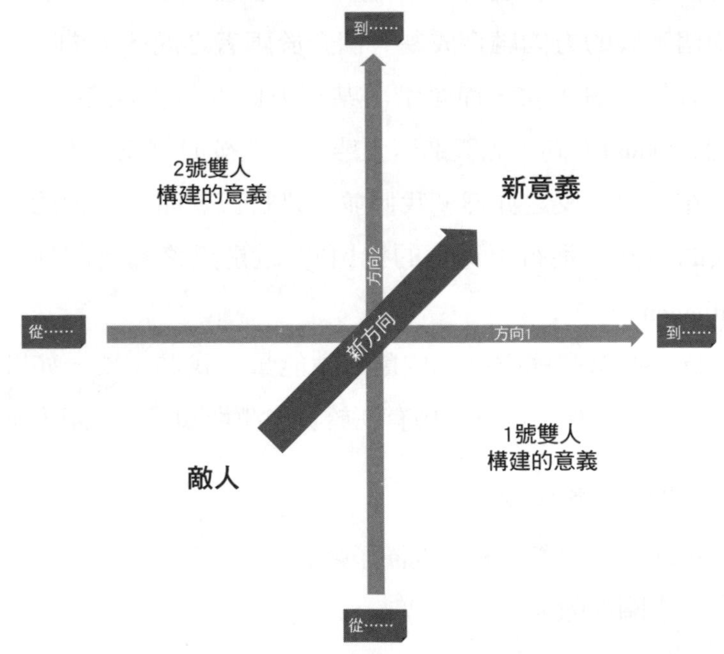

圖 7-4　意義的情景方案。

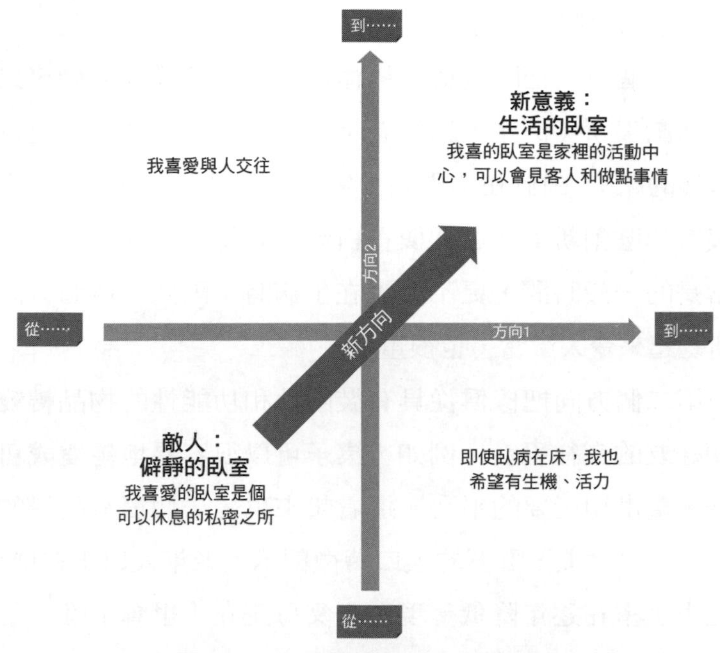

圖 7-5　Vox 案例中的意義情景方案。

情景方案。

意義的情景方案由四象限組成，從兩個彼此截然不同的方向（從……到……）的碰撞中得出。

左下方的象限表示現有意義，這代表「敵人」，即我們想要改變的意義。右下方和左上方的象限表示如果只改變一個方向會出現什麼情況。這就是每對雙人在前一步驟中創造的。右上方的象限是新的意義，是透過兩個維度的融合得到的。這就是我們尋求的東西。

我們不妨以 Vox 為例來進行說明（如圖 7-5 所示）。在個人和雙人都獨立創造假設之後，就出現了一些截然不同的方向，其中的兩個特別有趣。

第一個方向把臥室**從**純粹休息的地方**轉變成**人們可以鍛練的活動場所（例如，創造老年人可透過一些裝置來進行簡單鍛煉的床）。由於在過去幾十年間，家居行業的臥室產品幾乎沒有什麼創新；加之即使在白天，老年人也要在床上度過相當長的一段時間，更不要說在生病時；因此，這個方向的創新聽起來令人激奮，也很重要。

第二個方向把傢俱**從**具有裝飾性和功能性的物品**轉變成**親朋好友的交往平台。例如，桌子可以很容易地轉變成可供烹飪、畫畫和玩耍的平台。這看起來也是一個很有前景的興奮因素。事實上，歐洲的人口特徵顯示：老年人口正在增加，嬰兒出生率在逐年降低。現在祖父母正在「爭奪」唯一的孫輩，所以，能使孩子與祖父母愉快相處的有吸引力的家，也是一幅理想藍圖。

新的意義把這兩個不相關的方向整合到一起：臥室扮演活躍的新角色，傢俱則作為一種社交的方式。由此產生的新情景方案可稱之為「生活型臥室」：一個把床作為社交中心場所的家，老年人通常必須待著的臥室成了客廳（反之亦然，由於符合日常生活要求的功能性和裝飾性設計，相當於把床移到了客廳）。在這裡老人可以與親朋好友會面，與他們交往，愉快地打發時間，就像通常在客廳做這些事情一樣，也像青少年人在臥室裡做這些事情一樣。這一過程產生的產品是一張融合以下裝置的床：大書架（書架通常是在客廳裡的），若干個可折疊的傢俱，客人的放鞋處，甚至能讓大家一起看電影的可卷起的螢幕。

另一個例子是由阿爾法·羅密歐提供的。這一汽車品牌具有傳奇歷史。第一輛贏得一級方程式車賽的跑車就是愛快羅密歐。它還製造了諸如達斯汀·霍夫曼（Dustin Hoffman）在電影《畢業生》中開的名車 Duetto。但它卻在德國製造商主導的全球頂級汽車品牌近年的激烈競爭中苦苦掙扎。為了應對這樣的形勢，阿爾法實施了一個創新計畫。由大約二十人組成的激進圈子提出了一些可能的創新方向。其中一個方向提出，我們要**從**人們購買頂級車來展示自己財富的主流願景（例如，把車作為奢侈品的願景）**轉向**一種「頂級汽車是一種令人興奮的物品」的新願景，即人們買車是出於對駕駛的熱愛而非展示財富。另一個方向提出，我們的觀念要**從**以發動機功率和最高速度衡量汽車價值**轉向**以靈活度和對駕駛員指令的反應速度為標準衡量汽車價值。透過把這兩個不相關的方向結合起來，團隊創造了一個有趣的重疊空間。阿爾法為充滿激情的駕駛員而不是昂貴的機器製造汽車。在這樣的新願景下，獨特性來源於車技嫻熟、能夠欣賞輕巧靈活車型的駕駛員，而非一些過多而無用的特色。阿爾法·羅密歐新戰略的一個實例是其於 2013 年發布的 4C 跑車。4C 並不像許多其他跑車那樣昂貴，阿爾法的創新努力並不是以提高發動機功率為方向（4C 僅配備 1750C.C. 發動機，比其他跑車功率小），而是以減輕跑車重量為方向（例如，大量使用碳纖維，刪除不必要的零部件和裝備，簡化至極簡狀態）。因此，4C 的功率重量比可以與諸如法拉利之類的其他頂級（昂貴得多）跑車相媲美。顧客非常青睞 4C 的概念，在市場發布幾個月後，第一年計畫生產的汽車就已經全部被預訂了。

◎四人小組

情景方案是建立在兩個不同的方向上的。假定每對雙人探索一個方向，創建情景方案意味著兩對雙人對假設進行碰撞，即把兩對雙人組合成四人小組。創建四人小組的一個可行方法是每對雙人指出想與其他哪個方向（即其他哪對雙人）一起工作。換句話說，他們想和其他哪個方向進行碰撞與融合。這裡的重點是選擇一個與自己**截然不同**的方向。這兩個

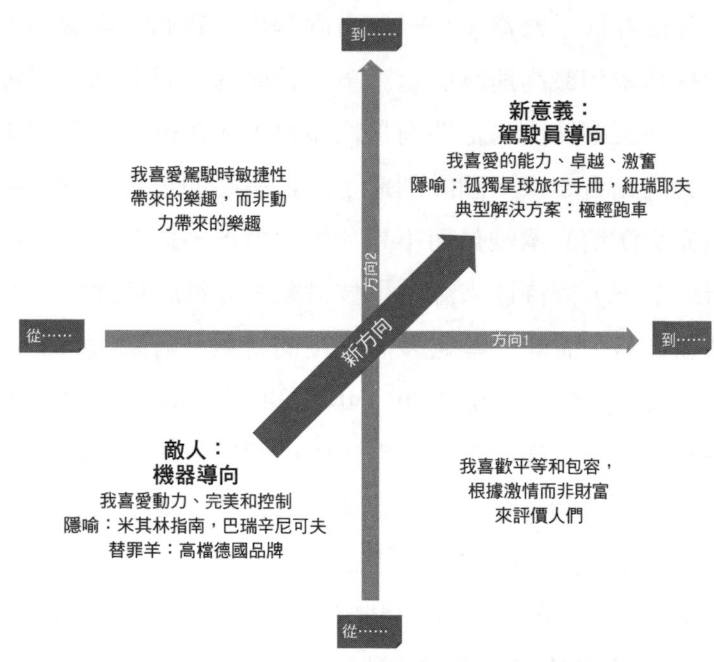

圖 7-6　愛快羅密歐案例中的意義情景方案。

方向不是相反（即與我們關注同一物件，但採取完全相反的方向），而是**相互垂直**（即與我們的方向完全不相關）。我們發現某個方向令人振奮，因為我們覺得如果將其與我們的方向進行融合，可能會有巨大的潛力。在這一過程中，某些方向（也就是幾對雙人）可能會得到多對雙人的喜愛。此時，得到最多喜愛的雙人可以優先挑選加入人員。

◎先關注敵人

四人小組組成之後，他們就可以對其兩個方向進行碰撞與融合，並創建情景方案。假定兩個方向相互垂直（即正交），他們的批評應更激烈。如何把批評的張力轉化成創造性能量？一個有效的方式是先關注我們都**不想**選擇的那個方向。換句話說，從表示敵人的情景方案（左下方象限）著手，如圖 7-4 所示。事實上，就像我們在第五章所看到的那樣，先找到我們都不喜歡的東西要比找到我們都喜歡的東西更容易。

所以，從左下方象限開始。也許兩對雙人對現有意義的定義（「從」）會有所不同。我們需要把這兩種定義融合成一幅「為什麼我們和顧客都對現狀感到不適」的條理清晰的藍圖。一種行之有效的討論方式是請四人小組提供：（一）敵人的名稱；（二）對其意義和迷思的描述；（三）**替罪羊**，即現有解決方案的名稱。現有解決方案可以是競爭對手或者是我們的，是現有意義的典型代表。找出替罪羊可以使溝通明確具體和切實可行。替罪羊不能是市場上不受歡迎的東西，而應該是非常成功的產品。人們習慣於從中尋找意義，但對其價值觀有某種潛在的不適感。例如，在阿爾法・羅密歐的案例中，替罪羊是高檔德國汽車製造商。在Vox的案例中，替罪羊是像醫院那樣配備器械（如幫助老人站起來的扶手等）的老人傳統床鋪。

◎使用隱喻

如果一幅畫值一千個字，那麼一個隱喻就值一千幅畫！

——湯瑪斯・J. 沙爾（Thomas J. Shuell）[4]

一旦你們有了共同的敵人，下一步就是圍繞新意義的情景方案（右上方象限）展開工作。這一步的關鍵是，如果有兩個雙人小組經過批判性思考提出了兩個不同的方向，那麼其背後可能存在有價值的東西：每個人無法單獨發現的最有前景的詮釋。

在這一不同方向的碰撞過程中，創造性支持批判性溝通的一種方式是使用隱喻。隱喻是一種「以另一種事物理解和體會某種事物」的方式，如圖7-7所示。[5] 例如，我們用物理力量來理解（和**體會**）「愛」，事實上，我們可能會說，「我們遇到的時候空氣裡冒出了火花」或「我感到被她吸引了」。或用另外的隱喻，愛是一種旅程，「看看我們在這段關係中已經走了多遠」。如果我們在生活中從來沒有遇到愛，但我們見過火花，那麼我們就可以更好地理解愛是什麼，並且我們尤其能更好地理解人們如何**體會**愛。遇見火花時，人與人的感覺都一樣。在其著作《我們賴以生存的隱喻》（*Metaphors We Live*

By）中，喬治·萊考夫（George Lakoff）和馬克·詹森（Mark Johnson）闡述我們在日常生活中都使用隱喻來表達概念：「在日常生活中，隱喻無所不在，不僅在語言中，還在思考和行動中。我們思想和行為的日常概念系統在本質上就是基於隱喻的。」[6] 換句話說，我們一般就是以隱喻的方式來思考的。例如，當我們說「我情緒低落」時，我們就使用了空間隱喻（「向下」）來表達悲傷的感覺（可能是因為傷心的時候，人們的肩膀是下垂的）。因此，尤其在這些概念是**新**而**抽象**的時候，如新的意義，隱喻是講明概念、表達情緒最有力的方式。「隱喻透過提供經驗框架來促進思考**新**獲取的抽象概念。」[7]

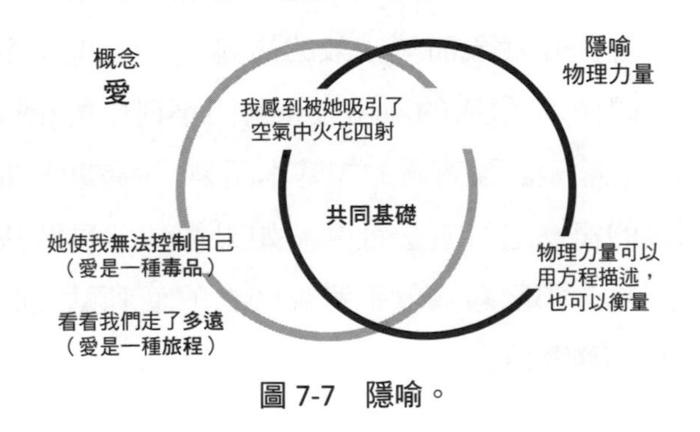

圖 7-7　隱喻。

如果每個人都思考兩個可能的隱喻（一個作為敵人，一個作為新意義），那麼四人小組的討論就會更有成效。我們不妨以阿爾法·羅密歐為例進行說明。一位原參與者用米其林餐廳指南的隱喻描述了頂級汽車行業的現有方向。事實上，米其林指南把頂級餐廳推薦給非內行的遊客。它確保了完美可靠的體驗，就像現有頂級車的性能一樣。新意義的隱喻是孤獨星球旅行手冊，由熱愛旅行的內行旅客（通常是背包客）在傳統方法之外尋找餐館時使用。因此，阿爾法．羅密歐的新意義面向的駕駛員不一定富有，但一定需要好的汽車。他們熱愛駕駛，即使在非常規的條件下，也能領會到車子的極佳性能。

◎隱喻能具體簡捷地表示意義

第一，使用隱喻來碰撞與融合不同的願景有著若干優點。隱喻使四人小組能以一種**具體的**方式來表現意義，尤其由於隱喻意味著以另一種事物來**體會**某一事物，因此可讓我們強有力地表達意義的情感和象徵維度。隱喻使溝通直觀簡捷，使我們不會迷失在抽象而無成效的辯論中。亞里斯多德強調了隱喻的直觀性：「優秀的隱喻意味著對**不同**中的**相似性**的**直觀感知**。」[8] 隱喻是討論意義的「基本語言」，有助於批評，但不用對別人的概念進行直接批評。如果便利貼是解決方案創新的基本工具，那麼隱喻就是意義創新的便利貼（嗯……我在這兒也用了隱喻）。

◎隱喻促進我們成長

第二，隱喻之所以強有力，是因為**不完美**。它們並不等同於我們想表達的概念。愛不是物理力量。這兩樣東西（「愛」與「物理力量」）有一個共同點（我們以相似的方式體會它們），但它們並不完全等同。隱喻（物理力量）的一些特點並不符合要表達的概念（愛）。例如，我們不能像描述物理力量一樣用數學公式描述愛。並且，反之亦然，概念的一些特性也與隱喻的特性不同。我們不能親吻物理力量。隱喻與概念兩者的重合度越大，隱喻就越有力。但是隱喻與概念的分歧也很重要，因為它透過明確我們沒有想到的東西來幫助我們深入挖掘。如果我用物理力量來隱喻愛，你可能就會做出反應，甚至可能會有點惱怒，說：「但愛是不能衡量的，也不是從公式中產生的！」好吧，你說得對。我沒有考慮過這個，我也不是這個意思。我喜歡這個隱喻的原因是它抓住了你愛的人對你具有無法逃避的吸引力這一特點。這樣的結果是我們能夠更好地相互理解。然後我們就可以確定，隱喻要麼抓住了我們想要傳達的最重要的特性，要麼不合適，我們最好另尋隱喻。同時，我們的批判性思考也更深入了。

◎隱喻促進創新

第三，隱喻促進創新。由於隱喻的不完美，隱喻有助於我們抓住概念的新維度和新特徵。我們來舉一個著名的例子。Swatch 手錶的創始人，尼古拉斯・海耶克（Nicolas Hayek）曾經說過：「Swatch 就是領帶。」這是一個傳達其意義創新的強有力的隱喻：一隻 Swatch 手錶就是一件時尚配飾。這就好比我們擁有不止一條領帶，我們可以根據心情、服裝風格和季節的變化搭配不同的領帶。如果我們查找辭典，那麼找不到手錶的這種定義，而其辭典定義是「手錶是一種戴在手腕上或放在口袋裡顯示時間的裝置」。[9] 然而，詮釋邏輯學家保羅．呂格爾說：「詞典裡沒有隱喻。」[10] 這就意味著隱喻僅存在於對話中。它不像定義一樣靜止不變，而是動態變化的。隱喻支持我們尋求**新**理解。呂格爾認為，我們透過隱喻重新描述世界，也因此發現新意義。亞里斯多德說：「尋常的語言只能表達我們已經知道的東西，而隱喻能讓我們最有效地理解新事物。」[11] 這就是海耶克透過隱喻「手錶就像領帶」闡釋的東西。如圖 7-8 所示，我們可透過向新的空間擴展（萊考夫和詹森把這些擴展稱為蘊含）。例如，我們不像繫領帶一樣把手錶綁在脖子上，但是，為什麼不這樣做呢？也許我們可以用纖維錶帶把手錶捆綁在我們的手腕上，也可以把錶掛在脖子上（例如，可以將錶作為項鍊上的墜飾）。

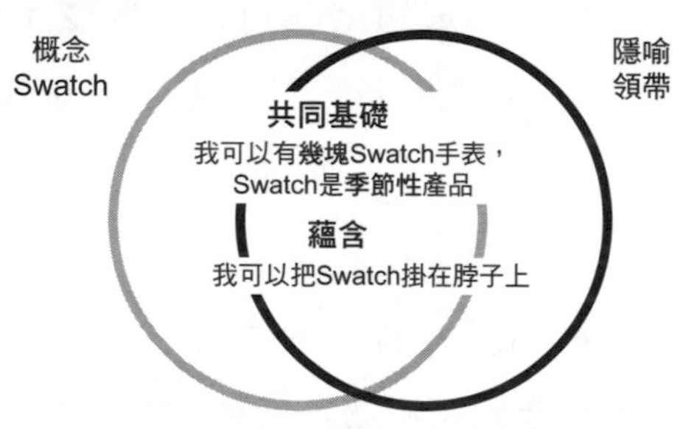

圖 7-8　Swatch 手錶隱喻中的蘊含和創新。

事實上，意義的變化經常意味著我們用於體會某事物的隱喻也變了。我們不再需要把手錶當作珠寶（舊隱喻），轉而把手錶當作領帶或時尚配飾（新隱喻）。尼采在他的語言哲學中警告：「現在，最熟悉的隱喻、最常見的東西，被當作真理、當作衡量稀有事物的標準。」[12] 因此，意義創新意味著挑戰逐漸被神化的現有隱喻，並用新的隱喻來進行替換。「許多文化變革都是從新隱喻概念的產生和舊隱喻概念的淘汰中產生的。」萊考夫和詹森如是說。[13] **沒有隱喻的變化，我們永遠不能創造新的意義。**

◎隱喻促進交流溝通

第四，隱喻是**交流溝通**新意義的最有力方式，尤其是對那些沒有經歷過發現新意義過程的人而言。這也是由於隱喻的直接性。它們不僅表達了我們如何理解概念的方式，而且還尤其注重表達我們如何**體會**的方式。因此，隱喻直觀而簡捷地傳達事物的象徵與感性維度，而用其他方式來傳達則是非常困難的。

這意味著有兩種隱喻方式。我們有以**批判性思考**為目的的隱喻，它們在討論中產生，幫助我們探索更深層的意義。我們可以創建一些這樣的隱喻：它們都是有用的，即使是不太有力的隱喻也是如此，因為它們幫助我們把不同的概念碰撞、融合成新的意義。我們也有以**交流溝通**為目的的隱喻。在這種情況下，重要的是其直觀簡捷性。我們以「愛是一種物理力量」為例進行說明。這一隱喻有助於我們進行批判性思考，我們能夠更好地理解我們想的是什麼及我們想表達的不是什麼。但是如果你的即時反應是不喜歡這一隱喻（愛是無法衡量的），那麼這就不是一個適合溝通的隱喻。即使透過我的解釋，你意識到這個隱喻是有效的，我還是建議你另尋一個隱喻。

例如，愛快羅密歐的團隊發現了另一個有力隱喻：古典芭蕾舞者。其中一位成員說：「現有的頂級汽車就像是巴瑞辛尼可夫（Baryshnikov），但是我們的汽車應該像魯道夫・紐瑞耶夫（Rudolf Nureyev，芭蕾舞蹈家）一樣。」每個人都很震驚。這個隱喻很吸引人，但是很難理解。團隊的其他人詢問原因。這個人解釋道：「不了解芭蕾舞的人相信歷史上最棒的芭蕾舞者是魯道夫・紐瑞耶夫，但是古典舞蹈愛好者堅持認為巴瑞辛尼可夫才是最棒的。他動作準確，舞技完美。」我注意到團隊片刻的困惑。「所以，你是認為我們應該以低檔汽車為目標嗎？」「讓我說完，」他說，「事實上，真正懂芭蕾舞的人會告訴你，魯道夫・紐瑞耶夫才是有史以來最好的舞者，加上他強烈的個性特徵，他甚至超越了完美。他本來就是完美的，但是他仍然超越了自我。」然後他展示了魯道夫・紐瑞耶夫完美一跳的照片，他身體挺拔，雙手放鬆成優雅自然的姿勢，頭髮整潔好似剛打扮過。接下來是一張他以突破傳統的大膽形象在空中飛翔的照片，他全身心投入，被汗打濕的身體緊繃，長髮未束，遮蓋了面孔。

團隊成員的眼睛亮了起來。這是個幫助他們弄清腦海裡新阿爾法車形象的極佳隱喻：把駕駛員的個性需求而不是完美的機器放在中心位置。阿爾法是為想表達個性的真正駕駛行家而不是為追求完美而製造汽車的。[14] 這個隱喻在意義上很完美，但也很複雜。事實上，太複雜了。每次你向別人說明，你都需要解釋。它並不直白。它對支持批判性思考和推動討論的深入進行都很有效，但在交流溝通上效果不佳。他們保留它作為備用，但另外創建了對溝通更有效的隱喻。

創新工廠

一旦四人小組創建了新的意義，透過對他們的方向進行碰撞與融合，他們可以與整個圈子分享情景方案，並收集回饋。一如既往，在全體討論中參與批評是至關重要的。每個人都要關注新的情景方案中他們喜歡的、疑慮的部分及其背後還可能有什麼更大的潛力。四人小組可以吸收批評，完善自己的願景；或者我們也可以重新調整四人小組，探索新的方向。我們可以重複這一過程，從而系統地探索不同的情景方案組合。

最後，這一階段的產出通常是二到三個前所未有的全新意義。它們可能意味著不同的戰略和產品。在這一階段，我們不需要把所有的東西進一步融合到某一方向。我們的內部任務已經達成目的：經過精挑細選，創造了幾個人們可能會喜愛的強勁願景。接下來的思考（可能會從中挑選一個願景或進一步把它們融合成另一個綜合性的新奇方向）需要以新的洞見來推動。現在是開放外部人員批評的時候了。

這是本章內容的最後一個重點。在過去十年中，創新進程的一個迷思是「創意工作坊」，在創意工作坊中，在非常有限的時間內，團隊成員快速拋出成百上千個創意。創意工作坊激發了我們每個人內心深處的創新精神。我們通常會發現自己參加快速的創意會議後精力更充沛。會議之後，我們回到辦公桌繼續日常工作。不幸的是，創新不是這樣進行的。即使解決方案創新的方式也不是這樣的，意義創新更不是這樣的。我們需要**進行**更深入的思考來發現我們面臨的潛力。本章描述的意義工廠的過程有不同的動態狀況。它是**深刻**的。它先要求個體進行為期一個月的**緊張**工作。當人們來參加會議的時候，他們都已經創造了自己的新方向。在為期兩天的會議中，如圖 7-9 所示，雙人小組和激進圈子完成的工作並非是創造創意。既沒有腦力激盪，也沒有發散式的創意創造（在會議開始前已經創造了新假設）。它是建立在批評之上的工作坊，目的是讓不同方向碰撞、人員討論、深入挖掘、彙聚成若干新願景。它是一個融合的過程，透過緊張的工作進

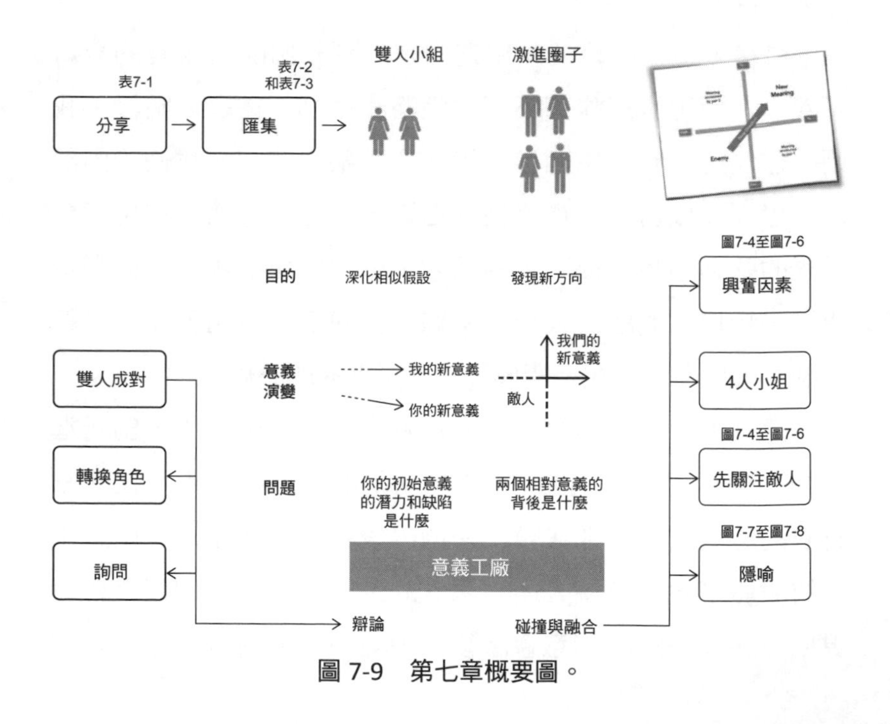

圖 7-9　第七章概要圖。

行融合。這可能就是我們以一個不同的隱喻「意義工廠」來稱呼它的原因。就像莫內和路易斯描述的那樣（詳情見第五章）：全身心投入的緊張辯論可以像創意會議一樣充滿活力和意義。

第八章
詮釋者實驗室：外部人員的批評

The Interpreter's Lab: Outsiders' Criticism

「我們要去哪裡？去體檢室要走另一條路。」飛利浦設計團隊很驚訝。他們希望肯尼士・戈芬克爾（Kenneth Gorfinkle）博士帶他們去醫院的核磁共振成像（MRI）區域，然而他卻轉向了候診室，那是孩子們在體檢前要去的地方。

設計團隊參與了一個專案，為飛利浦醫療保健業務創造新的解決方案。飛利浦是該行業的主要參與者之一，擁有很先進的成像產品，如電腦斷層掃描或磁共振成像。在此之前，成像行業的創新主要集中在掃描的技術性能，例如掃描速度和準確度上。其主導性假設是使用者（包括放射科醫生和病人）的主要興趣在於精確的診斷和治療，而如何進行這種診斷和治療則是次要的。然而，病人做檢查時可能是有壓力的。對孩子們來說，做這種檢查是很可怕的事，甚至需要給他們打鎮靜劑。因此，飛利浦的設計團隊正在探索一種突破性的新意義：關注使用者的情緒健康。他們的假設是減少壓力會有助於病人更好地康復，放射科醫生會更加專心和滿意，圖像會更準確，檢查過程會更順暢。在他們看來，**如何**進行檢查才是最重要的。設計團隊最終推出了醫療保健環境體驗系統。這是我們在第三章中介紹過的一個解決方案：該系統採用環繞技術，如LED光源、影片動畫和無線射頻識別感測器，用來創造更輕鬆的體檢環境。我們已經看到，顧客喜歡這一解決方案。但設計團隊是怎麼做到的？

拜訪戈芬克爾博士對重新創造團隊願景非常重要。團隊想提高檢查體驗方面的認識。肯尼士・戈芬克爾是位臨床心理學家，對體檢過程中的疼痛會如何影響孩子有很廣博的專業造詣。他撰寫過一本這方面的專著。此外，他在紐約長老會醫學中心的腫瘤兒科工作。在那裡，他是心理服務的協調者。他看起來確實很風趣。所以，在專案的中途，設計團隊決定去拜訪他。

戈芬克爾博士帶領飛利浦的設計師參觀了腫瘤科。但沒有把他們直接帶到體檢室參觀儀器和設備，而是把團隊的注意力集中在孩子們進入掃描室前後發生的事情上。他談到了一項研究，這項研究針對四年前體檢過的孩子們進行採訪。孩子們認為，注射鎮靜劑是整個經歷中最可怕的時刻——通常在體檢之前，在幽閉恐怖的狹小空間裡注射鎮靜劑。戈芬克爾博士建議，注射空間的設計應該盡可能使孩子們放鬆。此外，在許多醫院，體檢後會把病人帶回同一間候診室，這意味著在孩子們腦海中固定的最後一段記憶是在同一個房間裡，即接受注射的那個狹小的房間裡。鑒於患重病的孩子可能會多次接受相同的體檢，在不同的房間結束體檢會帶來更好的記憶，而當他們結束體檢返回房間後，會減輕壓力。

拜訪戈芬克爾博士令人大開眼界。一方面，它證實了團隊的假設：在體檢中，情緒維度是很重要的。然而，另一方面，它還超越了這一維度。團隊意識到「檢查體驗」的跨度比他們想像的要大得多。關鍵是，不僅要使掃描設施不再那麼可怕，例如，可以採用平滑的圓形線條或很有吸引力的圖案，或使體檢室更放鬆、更好玩；還要改善體檢前的情緒體驗。孩子們進入掃描室已經很害怕了。因此，在體檢室進入前、走出後發生的事情和體檢室裡發生的事情一樣重要。

最終，飛利浦設計的解決方案大量採納了戈芬克爾博士對這方面的理解。孩子一進入醫院，醫療保健環境體驗就開始了，例如，他可以選擇大象之類的木偶，木偶內裝有無線影片識別感測器。孩子從走廊走向候診室時，感測器會自動地啟動影片投影儀，放映與他挑選的玩偶相關的動畫，例如，自然的圖像和聲音。然後，孩子會感受到醫院的環境很友好。所以說，是醫院在配合體察孩子的情緒，而不是讓孩子來體諒醫院令人壓抑的環境。

事實證明，肯尼士・戈芬克爾是飛利浦團隊的一名詮釋者。詮釋者是局外人，從不同的角度觀察我們的顧客。作為專家，詮釋者一直在研究使用我們產品的**相同**物件（在飛利浦的案例中，是兒童和放射科醫生），有**同樣**的體驗（治療），但是透過**不同**的視角（病人的心理健康狀況，尤其是與疼痛有關的）。當我們在創建有意義的新願景時，像肯尼士・戈芬克爾這樣的詮釋者是非常寶貴的。

這一章闡述如何在創建新意義的過程中挖掘詮釋者的力量。在這一章，我們會說明，在創造有待驗證的新願景之後，外部人員如何幫助我們挑戰願景，使之更強健，並重新進行創造。因此，最終的願景不僅是**我們**喜愛的，也是**人們**喜愛的。意義創新是由內而外的過程，這一章講的是「外」的方面（如圖 8-1 所示）。

我們將說明如何確定詮釋者，並透過我們稱之為「詮釋者實驗室」的會議來與其互動。我們還將簡要討論第二種類型的外部人員（顧客）的參與。然而，這種討論會比較簡短。

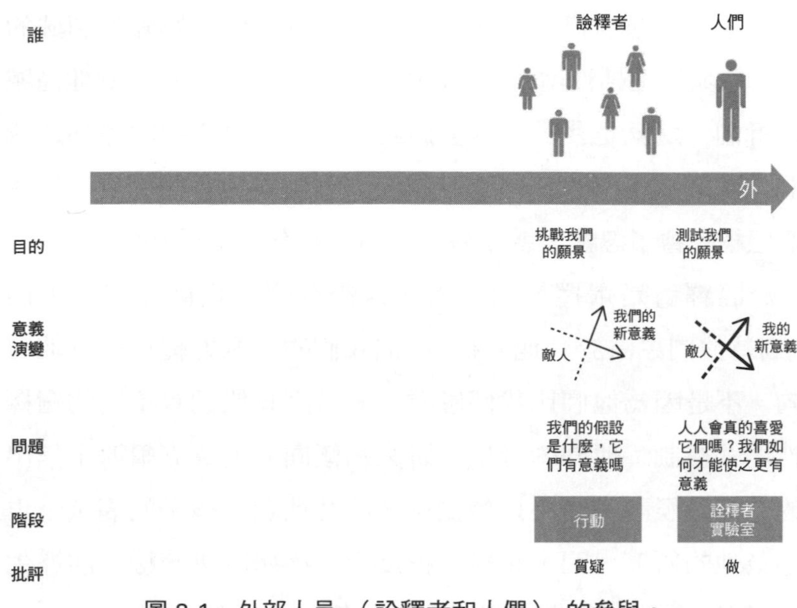

圖 8-1　外部人員（詮釋者和人們）的參與。

不是因為顧客不重要，事實上，顧客是我們一直為之付出巨大努力的物件，是意義的終極創造者，但在最近的文獻中，顧客參與已經得到了廣泛的分析研究，所以再重複介紹這些方法工具，效果就不會太好。我會提及在這方面你可以參考的材料。我們使用過這些材料，發現它們是有效的。

為什麼需要詮釋者

在她的《換一雙眼睛散步去》一書中（我們在第四章中介紹過），[1] 亞莉珊卓．霍洛維茨解釋，為了觀察新事物，她決定和十一位專家一起在街區周圍散步：「注意只是對某一瞬間的所有刺激進行選擇而已……心理學家稱之為知覺領域的某一區域的**選擇性增強**（selective enhancement）和對其他區域的抑制。這就是我『注意』街區的方式。散步的同伴都為我們做了選擇性增強，關注他們看到的世界的各個部分，但我們已經學會了忽視，或者甚至不知道能看到什麼東西。」[2]

詮釋者是選擇性增強者。他們會關注我們忽略的東西（因為他們專注於其他事物），把我們的注意力轉移到其他方向。不是因為他們比我們優秀，而是因為他們有不同的選擇性增強機制：他們的背景、研究和傾向。戈芬克爾博士指出的方向是候診室而不是體檢室，因為他關注孩子的痛苦，也因為他的研究表明，在很大程度上，疼痛取決於檢查前發生的情況。詮釋者所做的選擇性增強有兩層含義。

第一步，它幫助我們觀察，注意我們忽略的東西，去參觀候診室而不是成像設備。例如，與霍洛維茨同行的一位專家，是位插畫家。這位畫家將她帶進她從未涉足過的社區教堂。這位插畫家喜歡教堂，因為人們可以在裡面聽音樂，任何人都可以進入教堂、坐在長凳上聽音樂。[3]

因此，詮釋者可以幫助我們觀察事物，但僅僅觀察通常是不夠的。霍洛維茨說：「我們可以看到跡象，但不是意義。」在第二步，詮釋者也能幫助我們：他們可以幫助我們確定新的意義。這就是我們最終想要的東西。他們最大的貢獻是提供新的詮釋，即使是對於我們已經注意到的事情。例如，與霍洛維茨同行的一位步行者是弗雷德．肯特（Fred Kent）。他是城市社會學家，也是公共空間項目的創始人和總裁。當兩人沿著街區行走的時候，他們遇到了占據紐約人行道的大型食品送貨車。亞莉珊卓・霍洛維茨注意到了其過寬過長的貨廂、托架和貨櫃。她放慢了腳步，繞著走，有點惱怒其停在人行道上妨礙行走。弗雷德・肯特則停下來，拍了張照片，讚賞地說：「供應商給這座城市增添了很多東西，因為他們會讓你慢下來……這有利於社交互動，城市就是這樣的。」他們都看到了同樣的東西：供應商的送貨車。但他們抓住了兩種不同的意義，讓她惱火的東西對他來說則是積極正面的。「我很清楚地想到了一個非常簡單的事實，我們有**很多**方法來看待**同**一事件，」霍洛維茨寫道，「我看到的是，在匆忙的早晨，很多慢行者和閒逛者影響行走；而肯特則將這些人視為城市景觀的必要組成部分。」然後，更有趣的事情發生了。她抓住了第三個新意義：行人作為「舞伴」。「我們不僅可以用寬容的心態（她的初始意義）看待行人，或者承認他們使城市豐富多彩（肯特的意義），還可以把他們看作是讓人印象深刻　的合作者：在似乎不太可能的人行道上『跳舞』（新的意義）。」[4] 她描述那些在擁擠的人行道上行走的人，為了避免碰撞，如何專注於一種無意識的「複雜舞蹈」。

這一事件也提醒我們觀察使用者的錯誤迷思。許多人天真地認為，觀察是一種客觀有效的方法，可以使我們看到新事物。但事實上，我們只看到我們所想（和所能）看到的東西：一輛貨廂過長過寬、占據人行道的送貨車；人們惱火地慢下來；一些人在抗議。這一觀察結果會引導我們設計更細長的送貨車。這是**我們所看到**的東西，但並不一定就有意義。

這不是現在**對人們**有意義的東西，也不是**更有意義的東西**。不同的詮釋者對相同的觀察可能會得出完全相反的意義（和完全不同的設計）。這並不意味著觀察是錯誤的。錯誤的是把觀察的客觀性理想化了，忘記了我們對所看到事物的詮釋的力量。而詮釋者可以揭示真相，改善我們潛意識的詮釋。

甚至更有效的是，他們可以挑戰我們的詮釋。與詮釋者見面的最佳時機是在**專案進行到一半的時候**，即當我們已經創造了新的意義、披露了自己的詮釋的時候。亞莉珊卓・霍洛維茨在第一次獨自行走之後，在筆記本上記錄下了她看到的和她自己**詮釋**的東西之後，才會見了插畫家和城市社會學家。在舉行工作坊創造新意義之後，飛利浦的設計團隊才會見了戈芬克爾博士。他們在見到他的時候，已經對有意義的新方向形成了假設。

如果我們在意義工廠之後會見詮釋者，我們更有可能理解他們的詮釋。這時候，我們已經披露了隱藏的假設，對我們自己和團隊中的其他人來說，假設已更清晰了。這時候，我們可以直接面對詮釋者，向他們詳細介紹假設，關注他們的反思。否則的話，他們就會隨意發表意見，他們說的一切都是表面性的：假設似乎是對的或錯的。到了那時候，我們也有一些東西可以拿來比較詮釋者的見解。我們可以從差異和對比中學到一些東西。

因此，詮釋者的作用是使我們更深入地了解批評的藝術。我們和他們會面，不是為了獲取創意（通常是集體解決問題和群眾外包方面的研究所建議的）。他們**挑戰**我們正在探索的創新方向，使之變得更強大、更深入。他們帶來的是好**問題**，而不是好創意。

與此同時，我們不希望在專案結束時才會見詮釋者，尤其是在我們會見使用者之後。我們需要一個能說明我們超越現有行為模式的人。誰能提供新的詮釋？我們知道使用者在這方面幾乎對我們沒有幫助。例如，飛利浦醫療保健環境體驗系統並非源於明確的使用者需求。患者更關心如何在注射鎮靜劑時減輕疼痛，他們想不到透過放映動畫片可以避免注射鎮靜劑帶來的疼痛和恐懼；放射科醫生在尋找功能更強大的掃描設備，而透過改變醫院的環境來提高臨床的效果，則不在他們認為有意義的考慮範圍之內。看到飛利浦在世界放射學大會上提出的方案**之後**，他們才開始考慮這一點。因此，在我們會見了詮釋者**之後**，使用者的參與才會更有效。詮釋者可以幫助我們對新出現的行為賦予意義。

如何找到詮釋者

如何找到優秀的詮釋者？同樣地，重要的不是數量而是品質。開放式創新的最近理論建議組織向大量的外部人士群眾外包創意。這可能適用於創造創意，但我們尋找的是詮釋。同時與多個詮釋者互動只會不斷混淆我們想要理解的背景。因此，我們需要有**選擇性**。選擇少量合適的人員，讓他們幫助我們有**選擇性地提高**我們在新方向的注意力。我們的經驗是，對於任何給定的市場環境來說，選擇 6 到 8 名詮釋者可

表8-1　找到詮釋者

標準	問題
一、領域：詮釋者的領域、學科、行業	• 我們面對的顧客和其生活體驗是什麼？ • 還有哪些其他領域（產業、學科）在觀察研究**相同顧客的相同生活體驗**？ • 其中哪些是「網路之外」的，也就是與我們行業無關的（關於生活體驗的定義，請參閱第六章）
二、類別：詮釋者的活動	對於選定的領域： • 哪些組織向顧客（**直接參與者**，如製造商、零售商、設計公司、零部件和技術供應商）**提供產品和服務**？ • 哪些組織對該領域內（**專業人員**，如教授、研究人員、學者、人類學家、社會學家、趨勢分析機構）的**意義進行研究**？ • 哪些組織對體驗**提供藝術作品和文化反思**（**文化詮釋者**，如記者、導演、作家、評論家和展覽館管理者）
三、研究人員：**人員的專業知識**	對於選定的領域和類別： • 在選定的組織中，哪些**人員**對體驗及其意義進行了**研究**？有哪些不知名的新研究者正在探索**新觀點**？
四、批評者：人員的**態度**	對選定的研究人員： • 這個人是否具有**建設性的批評態度**？他喜歡思考事物的原因嗎？他擅長探究和傾聽嗎？ • 他自己是否也善於形成新的詮釋？他是否**認為我們是有趣的詮釋者**？
五、平衡：詮釋者的正確**組合**	關於詮釋者的組合： • 領域是**異質性**的嗎？我們針對**全部生活體驗**嗎？特別是，我們是否涉及「**網路之外**」的詮釋者？ • 我們是否需要在直接參與者、專業人員和文化詮釋者這些**類別**之間進行平衡？我們是否涉及謹慎和大膽的詮釋者（**邊界標誌者**）

以很好地在多樣性（廣度）和深度之間達成平衡。找到 10 名以內的詮釋者看起來似乎很簡單。然而，找到合適的人員是一項嚴肅的工作，需要時間、專注和獨創性。通常，我們聯繫 100 多名人員，最終只能找到 10 名合適的人員。找到合適的人員後，他們能提供的回饋是非常寶貴的。表 8-1 解釋說明了識別人員的標準。

◎確定詮釋者的領域

第一步是確定需搜索的詮釋者的領域。你想利用哪些角度？你想涉及哪些學科和組織？你需要化學、建築、電視或網路服務方面的專家嗎？

答案並不簡單。有時，組織認為與任何外部人員交談都可能是有幫助的，「我們從未與之交談過的人」，如果他來自一個奇怪的領域那就更好了（例如，你從事挖掘機行業，卻和小丑演員交談）。[5] 但是，有成千上萬的領域，我們從未交談過的人無以計數。他們中的一些人可能會提供富有挑戰性的觀點，但大多數都是無用的（不管我們從事什麼行業，小丑總能使我們發笑，這還不算太糟。但我們還是言歸正傳，回到意義上來）。因此，我們不能簡單地從不同領域挑選專家。我們需要確定標準。

在第六章中，我們解釋了意義與人們的生活體驗有關（還記得圖 6-7 嗎？食物的意義可能與健身或與夥伴一起烹飪的體驗有關）。因此，詮釋者是研究這種**相同生活體驗的其他專家**。簡單地說，他們和我們有不同的角度，而這就是他們的價值。例如，如果我們在「健身」的體驗中探索食物的意義，我們需要那些正在研究人們如何賦予「健身」意義的詮釋者，如私人教練、製造健身器材的企業、體育賽事的組織者等。他們都不是食品製造商。然而，他們不是「任意」的局外人，都有個共同點：和想健身的人打交道。他們都必須確定人們是如何對這一體驗賦予意義的，但他們從不同於食品的角度去做這件事，而這就是我們想要的東西。

因此，尋找詮釋者的第一個問題是：在我們想要賦予意義的相同體驗中，哪些領域會和我們關注同樣的顧客？通常，有三種類型的領域，如圖 8-2 所示。

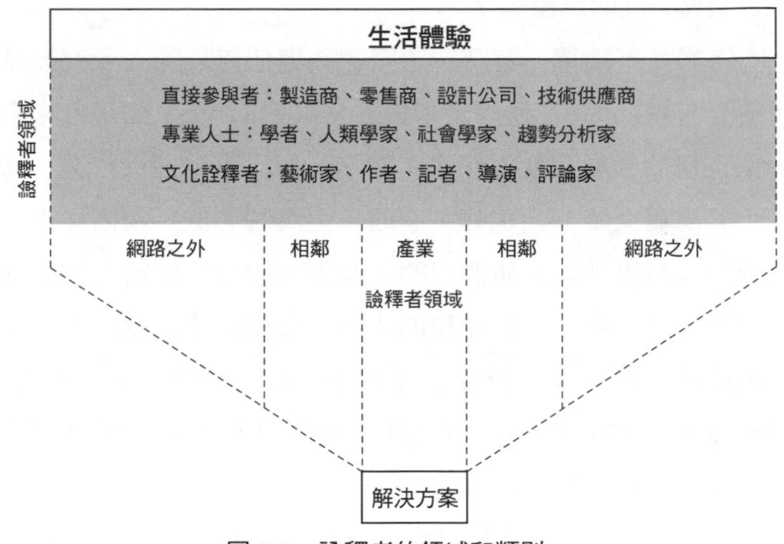

圖 8-2　詮釋者的領域和類別。

- 產業領域：這些都是我們同行的專家。如果我們賣乳酪，他們是其他乳酪製造商，或者更一般意義上的食品製造商。他們與我們最相似（有些甚至可能與我們競爭），因此，不太可能提供新的視角。這些是最不必關注的詮釋者。

- 相鄰領域：這些專家處於我們的相鄰領域。例如，在食品行業，他們是廚師。他們不在超市賣食品，至少這不是他們的主要任務，但他們與烹飪和飲食體驗密切相關。相鄰領域的詮釋者可能會引起我們的興趣，可以提供不同的視角。不過，通常情況下，我們產業的任何企業都會與相鄰領域的專家有聯繫。任何一家食品公司都會和廚師交流溝通，所以，這些詮釋者會帶來不同的視角，但與我們和我們的競爭對手所知道的東西相比，並不新奇。這意味著，只有在相鄰領域的詮釋者可能會帶來我們產業中尚未普遍認識的新見解的情況下，才有必要邀請他們。
- 「網路之外」的領域：儘管這些領域的專家有與我們相關的共同體驗，但卻遠離我們的產業。例如，如果我們賣乳酪，這些專家是健身器材的製造商。食品產業的企業幾乎不與他們進行交流。然而，負重器械製造商參與了健身的體驗，這與我們作為乳酪製造商參與的體驗是一樣的。他們可以為我們做很好的詮釋（我們也可以為他們做很好的詮釋），特別是我們很可能會利用競爭對手忽視的角度。**這些就是我們最需要的領域**。

我們不妨以飛利浦和醫療保健環境體驗項目為例進行說明。他們與幾名詮釋者進行交流互動，其中包括醫生、醫院管理人員、醫療設備工程師、行銷專家，這些人都是相鄰領域的專家，可以在成像設備製造商的任何一個專案中找到他們。而其他詮釋者則屬於網路之外的領域，他們在這個產業的項目中是不常見的：例如，醫學博士、建築師、現代室內設計師、LED 技術和影片投影專家。這些最不尋常的詮釋者為豐富項目的新意義提供了肥沃的土壤，醫院環境的設計可以提高臨床療程的效果。

因此，如果一家企業是第一個從網路之外的領域找到並吸引詮釋者的，而競爭對手忽視了這些人，那麼它就更有可能獲取新的詮釋。圖 8-3 和圖 8-4 說明了兩個不同專案的詮釋

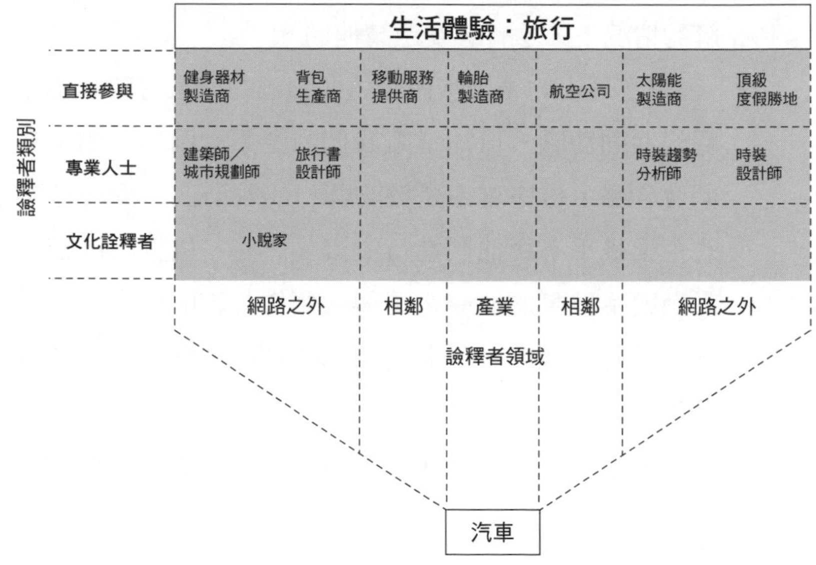

圖 8-3　愛快羅密歐的詮釋者。

者的例子。第一個是愛快羅密歐（我們在第七章中介紹了這一項目），這裡的參考體驗是「旅行」高檔細分市場的顧客。我們可以識別和確定同一產業（輪胎製造商）、相鄰行業（行動通訊服務的供應商）的某些詮釋者，特別是網路之外的詮釋者：皮革製品（如背包和電腦背包）生產商、頂級度假勝地的首席執行長，或者是健身器材的製造商（旅行時如何保持健康或如何抑制疼痛）。

第二個例子是一個頂級時裝品牌想重新設計商店。這裡的參考體驗是建立身分（鞋子和衣服只是在建立自己的個性和形象體驗中的可選擇部分）。我們可以從網路之外找到幾個詮釋者。例如，一位頂級礦泉水品牌經理（是的……人們會根據自己的身分選擇一種品牌的礦泉水）、一家為首席執行長

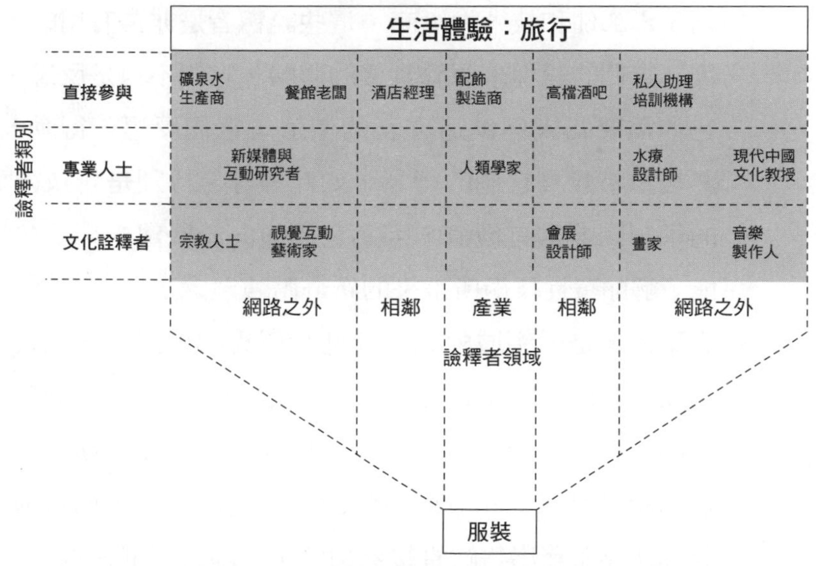

圖 8-4　頂級時裝零售行業的詮釋者。

培訓私人助理的公司（私人助理十分了解有錢人如何給自己的身分賦予意義）或一位水療設計師。

◎三類詮釋者

一旦我們確定了領域，我們就需要選擇那些可以作為詮釋者的參與者和組織。如圖 8-2 所示，在給定的領域中，有三種類型的詮釋者。

- **直接參與者**是積極參與**產品生產和服務的專家**。例如，健身器材的製造商或健身俱樂部是健身領域的積極參與者。它們必須詮釋人們如何對這種體驗賦予意義，因為它們**為人們提供了在體驗過程中使用的東西**。通常，活躍的參與者可能是製造企業、零售商、設計公司、零部件和技術供應商。這些詮釋者是非常有用的，因為它們的詮釋來源於直接的體驗。它們不只是反思，它們需要為人們創造真正的價值。它們反思、行動，然後重新詮釋它們的行為，如此等等。特別是新技術的供應商非常有價值，因為它們傾向於展望未來，並能了解顛覆性技術所帶來的新奇體驗。
- **專業人士**是對領域內的意義**進行研究**的專家。這些人可以是教授、研究人員、學者、人類學家、社會學家、趨勢分析師。他們不直接向人們提供產品和服務。他們的職業是研究和發展新的詮釋（他們通常會把這種詮釋作為服務出售給直接參與者）。在時裝品牌的例子中（見圖 8-4），我們可以在詮釋者中看到一位新媒體與互動研究者、一位人類學家、一位現代中國文化教授。這些詮釋者可能有興趣提供對於特定體驗的廣泛視角（直接參與者通常更專注於特定的產品）。

- **文化詮釋者**是**藝術和文化領域**的參與者，如記者、導演、作家和評論家等。他們不進行正式的研究，但他們的職業是透過定義賦予事物意義。他們是寶貴的詮釋者，尤其是在**情感**和**象徵**方面。在愛快羅密歐的專案中，我們可以看到一位剛剛寫了一篇關於高素質的人們如何看待自己的文章的戲劇導演，或是一位在小說中探討現代城市的當代專業人士的年輕作家。在文化詮釋者中，這家頂級時裝公司選擇了一位原視覺互動方面的藝術家、一位原音樂製作人及一位原經常幫助富有的人尋找意義和身分的宗教人士。這些詮釋者通常會有**挑戰性**的觀點，超越了商業的動態狀況。他們能夠捕捉到隱藏在人們心中的不適感，並使之明確化。他們經常告訴我們，甚至**讓我們更多地感受到**那些我們不想聽的東西。

◎意義的研究者

一旦確定了領域和類別，你就需要在每個領域中找到最好的詮釋者。我的意思是**最好的人**。詮釋意義不是每個參與者都能做的。有成千上萬的廚師和數以千計的私人教練，但並不是所有的人都能當詮釋者。他們之中只有少數人能提供好的見解，而其他人只會增加噪音。在我們詮釋事情的過程中，最糟糕的事情是出現更多的噪音。**無用的詮釋者不只是無用的，而且還往往是有害的。**

在一個領域中選擇合適的人，需要考慮一個重要因素，他在這個領域裡研究意義，並已經形成了自己的詮釋。這種詮釋很有可能是一種捕捉了人們生活中最新變化的**全新**詮釋。換句話說，在給定的領域和類別內，我們需要找到**意義的研究者**。

飛利浦公司並沒有為醫療保健環境體驗項目隨便挑選一位兒童心理學家，而是很仔細地尋找。肯尼士・戈芬克爾博士不是普通的兒童心理醫生。作為臨床心理學教授，他透過多年的研究，對疼痛如何影響兒童有深刻的認識，並提出了全新的詮釋。在他的著作《撫慰孩子的痛苦》（*Soothing Your Child's Pain*）中，[6] 他解釋了不同的技術，如形象化、分散注意力和敘述等，如何使孩子更放鬆，以及父母如何發揮重要的作用（如透過講故事）等。這些研究得出的洞見支持在解決方案中採用動畫投影，其主題可由準備做檢查的孩子自行選擇。同時，他的研究也促進了在候診室裝設縮小版的電腦斷層掃描器小貓掃描器。透過對各種柔軟的玩具進行臨床掃描，孩子會用小貓掃描器來創造自己的檢查故事。他們還可以看到，如果玩具在掃描過程中抖動，圖像就會變形，所以，他們就知道了，為了獲得良好的圖像，需要安靜地躺著。

請注意，尋找研究人員並不意味著你必須去找該領域最受歡迎的專家。有時候，著名的專家會陷入他們以往的探索中，很難挑戰領域中的主流假設（可能是他們自己創建的）。所有的競爭對手也很容易接觸到他們，因而他們的詮釋很難產生重大的影響。相反地，未開發利用的新研究可能更有效。

還要注意，研究者並不一定需要有博士學位。我們所指的是**研究意義的專家**：他們透過日常工作，已經**或明或暗地**實證分析了人們如何對體驗賦予意義，並且已經對其進行了**反思**。他們有證據（定量資料，或是他們個人專案的簡單案例研究）。他們已經**提出**了新的詮釋（基於他們見解的新產品、研究報告或藝術作品）。

◎詮釋者的個性

我們已經確定了詮釋者的領域和類別及透過研究獲取專業知識的詮釋者，我們還有最後一個標準——詮釋者的**個性**。

在一家大公司的專案中，我們測評了詮釋者的效果。[7] 為了達到這個目的，我們要求公司的創新團隊評估每位詮釋者對改進意義理解的貢獻程度。測試的結果很有趣。詮釋者的專業知識（他們在實地進行的意義研究）是一個重要的因素，此外，另一個參數（詮釋者的個性）也與團隊的評估密切相關。團隊很欣賞那些善於採取批評立場的詮釋者，即善於思考、辯論、挑戰團隊的人；而對那些只是簡單介紹他們的研究，但沒有進行批判性思考的詮釋者評價較低。類似地，團隊不太欣賞那些表現出極具創造力和提出臨時解決方案的詮釋者，因為解決方案並不是團隊想要的東西。

因此，詮釋者不僅是專家或創意的創造者，他們還是批評者。他們在挑戰我們和我們的詮釋方面具有寶貴的價值。偉大的詮釋者是在組建內部團隊時展示出我們所尋找的特性的人（如表 6-1 所示），他們喜歡思考事物的原因。他們不僅善於回答我們的問題，還擅長向我們提出非常規的問題。他們喜歡深入思考，提供回饋。他們也喜歡接受批評。為了完善自己的詮釋，他們希望與我們開會討論，傾聽我們的意見。一位優秀的詮釋者會促進開會討論並使參會者獲得新的認識。

◎平衡各類詮釋者

在確定詮釋者時，整合也很重要。我們可以開展當初形成內部激進圈子時那樣的思考過程（如表 6-2 所示）。增強異質性：整合不同的學科（特別是網路之外的專家），在直接參與者、專業人士和文化詮釋者之間進行平衡，確保邊界標誌者（也就是那些與現有詮釋更加一致的謹慎詮釋者和那些探索古怪方向的大膽詮釋者）的存在。

當然，如果我們正在研究不同的細分市場、區域或體驗，我們可能需要為每一個環境都尋找特定的詮釋者。例如，在圖 8-4 所示的案例中，為了應對兩種不同的文化環境，頂級時裝零售商選擇了 14 個不同的詮釋者。它確實組織了兩次單獨的會議，每一次會議有 7 名詮釋者，會議關注兩個不同的細分市場。

◎如何找到他們

找到合適的詮釋者是一項嚴峻的任務。為了找到這 14 名詮釋者，這家頂級時裝零售商共確定了 102 名候選人，接觸了 23 人。他們經過初步的電話面試，解釋了會議的目的，並評估了候選人的批評態度，最終挑選了其中最優秀的 14 人。

為了找到詮釋者，我們可以綜合使用多種方法。最初，我們可以進行廣泛的搜索：透過利用我們自己的關係網絡，以及我們組織中其他人的關係網絡；透過社交媒體搜索，如領英等；透過訪問不同的資料庫（如出版物和專利等）。然後，當我們找到了一個有趣的人，並以此作為起點時，搜索可能會變得更有焦點。例如，我們可以使用簡單的滾雪球方法：向作為起點的那個人詢問適合我們特定搜索的其他人，等等。

通常，優秀的詮釋者可以成為優秀的中間人。中間人是在一個領域中有良好關係的參與者，因此，他們可以向我們指出最合適的專家。實際上，詮釋者新穎的視角可能來源於他們所在的新關係網絡中。在一個沒有建立關係的新領域裡，詮釋者尤其能幫助我們尋找專家。例如，戈芬克爾博士建議飛利浦向兒童生命委員會尋求幫助。這是一家致力於減少醫院壓力和創傷的非營利組織。兒童生命委員會的專家強調，環境應該如何促進病人、工作人員和親屬之間的積極互動。他們舉例說明，在父母不能和孩子一起待在體檢室的情況下，一些工作人員將一根長線拴在孩子的手指上，並把另一端給房間外的父母，以保持雙方之間的聯繫。這啟發了團隊在醫療保健環境體驗系統中，透過攝影機，在治療室的病人和工作人員或在附近等待的親人之間進行雙向影片和音訊交流溝通。

會見詮釋者

有兩種方式可以與詮釋者進行互動。我們可以與他們單獨見面，也可以集體會見。這種會議，我們稱之為「詮釋者實驗室」。第一種方式使我們能夠更加關注個人的作用；第二種則可利用他們的交流互動和洞察力。詮釋者往往欣賞第二種方式，他們看重多角度學習的可能性。

◎準備詮釋者實驗室

詮釋者的作用是挑戰我們關於什麼對人們有意義的假設。我們尋找的是反思的**深度**，而不是即興的創意。只有對會議進行認真的準備，才能達到這種反思的深度。

因而，通常在會議開始前兩到三週，提前向詮釋者介紹情況是很重要的。情況介紹的核心部分是闡明會議的具體焦點：我們想要挑戰的假設。為此，我們可以詳細說明意義工廠的結果：激進圈子創造的幾個新的方向。但我們通常不願意向詮釋者透露這些方向，因為這些對我們有戰略價值。雖然我們沒有必要這樣做，但可以向他們分享支援這些方向的**假設**。

例如，在 Vox 的例子中，方向是「生活型臥室」，即將家中老年人的臥室改造成家庭的中心社交場所。支持這一方向的假設的例子有：我們假設老年人待在家裡的床上很長時間，並且以後仍將如此；我們假設他們想要更多的活動，而不是休息；他們會接受不那麼私密的環境（睡覺甚至躺在中央大房間的床上進行治療），因為這有可以在家裡進行社交的益處；他們願意花更多的錢製作寬敞舒服的床（也許不用沙發了）；他們的公寓有個中央大房間，或開放的空間，在那裡可以容納一張更大的床，而不是幾個小房間。

所有這些假設都可以轉換成**假設的問題**，例如，最後一個假設可能會變成建築師需要解決的以下問題：「老年人喜歡如何安排他們房子的空間？你如何理解他們的期望？年老後，他們有多大的意願來重新安排公寓？」假設問題沒有披露我們的戰略意圖，就可與詮釋者分享。因為它們比我們的方向更不明確，所以詮釋者可以更自由地闡述他們的見解，而不會受到我們詮釋的影響。如果我們只是簡單地問：「老年人是否願意在客廳中間擺一張大床，在那裡接待親戚和孩子？」這樣就會限制詮釋者的自由思考空間。他們只能回答是或否，而這不是我們想要的東西。我們不是要調查他們的喜好，而是要讓他們進行自由的思考。

通常，在意義工廠之後，團隊會創造 3 到 5 個可行的戰略方向，每個方向都有 10 到 20 個假設問題的支持。這些問題通常會有一些重疊。因此，我們可以圍繞重要的主題收集問題，並與詮釋者分享這些問題，讓他們根據自己的見解和專業知識，在會議中選擇他們想要關注的主題。表 8-2 提供了一些指導原則，幫助詮釋者對他們選擇的假設問題進行反思，並準備會議上要講的內容。

表8-2　向詮釋者介紹情況

為了向詮釋者實驗室的詮釋者介紹情況，我們應該明確如下幾點。

一、人們：誰是我們反思的物件，是那些我們正在研究其意義的人？例如：Vox 案例中的歐洲老年人。

二、體驗：我們將在會上討論什麼生活體驗？例如：老年人如何賦予家庭生活意義；他們如何與人交往；他們如何照顧自己的健康。

然後，為了幫助詮釋者準備他們的貢獻，我們可以提供以下指導原則。

指導原則	向詮釋者說明
一、詮釋，而不是創造	關鍵是不要創造性。我們不是在尋找解決方案或創意，而是尋求強有力的詮釋。如果你能充分利用你對人們體驗的深刻理解，你的談話將具有極高的價值。你可以把討論建立在研究的基礎上，也可以建立在直覺上。需要誠實本真，提出你自己的願景設想。一個簡單的事實是你看事物的角度可能會讓會議中的其他人看到新的東西。
二、實用的，而不僅是理論上的	如果你沒有對主題進行廣泛的正式研究，也不要擔心。你之所以得到邀請，是因為你的角度和你對人們體驗的理解，而這必定是基於**實際的應用**（你的產品和服務）。你只需要解決能夠展示你個人見解的問題。
三、批評，但不消極	不幸的是，我們經常把「批評」和消極的意思聯繫在一起。實際上，「批評」這個詞的意思是「能夠辨別」，不是消極的，而是**更深入的**。我們所說的「批評」指的是超越初步表像來質疑現有的假設，不一定是「反對」或「超越」，而是「更深入」挖掘本質性的東西。

四、為何，而不是什麼	會議關注的是人們賦予的意義，而不是具體的解決方案。在對假設進行批判性討論時，力求深入挖掘：從你看到人們所做的事情（什麼）轉移到他們為什麼要做這些事情（需求），也就是他們的目的。
五、辨別	在不同的人及其尋找的意義之間可能存在顯著的異質性。如果是這樣的話，請說明你的見解是如何因人們的類型及其相應的細分市場的不同而有所不同的。
六、隱喻	請選擇一個最能代表你對主題的詮釋的物體（或一首歌、一首詩、一幅畫）。這個比喻將有助於從情感性和象徵性的角度來捕捉你的洞察力。這是你處理問題的清晰而直接的方式。
七、進一步地參考資料	請註明任何其他方面的資料、研究、讀物、人員及其他資料來源，以便進一步研究你的見解。

◎如何開展會議

詮釋者實驗室的目的是挑戰我們的假設，形成更深刻的見解。如前所述，一個典型的實驗室會聚集 6 到 8 個詮釋者。表 8-3 說明了會議的開展。討論圍繞我們向詮釋者介紹的主題展開。詮釋者選擇一個他感興趣的主題進行介紹。然後，其他的詮釋者和我們的內部團隊進一步提出他們的觀點、回饋和研究結論。目的不是集中在一個共同的願景上，而是要對類似的現象比較不同的觀點，了解為什麼會有這些差異，從而形成新的詮釋。

表8-3　詮釋者實驗室的開展

在進行一般情況的介紹和暖場活動之後，可以按照表8-3組織詮釋者實驗室。

我們的假設問題可以集中到幾個主題（通常，和詮釋者的數量一樣多）。在為會議做準備時，每位詮釋者已經挑選了一個主題，他將擔任這一主題的首席詮釋者，也就是將開始對主題進行反思的人。在主持人介紹了首席詮釋者之後，可以按照以下步驟討論每個主題。

一、隱喻	首席詮釋者從他對主題的情感性、象徵性的詮釋開始，即他選擇的隱喻（物體、歌曲、圖片等，參見表8-2）。他先在不作評論的情況下展示隱喻，然後詮釋這一隱喻的含義。
二、首席詮釋者的激勵	首席詮釋者從他對主題的情感性、象徵性的詮釋開始，即他選擇的隱喻（物體、歌曲、圖片等，參見表8-2）。他先在不作評論的情況下展示隱喻，然後詮釋這一隱喻的含義。
三、參與者的思考	然後，讓參與者（包括其他詮釋者和我們的內部團隊）提出看法。有些人可能會提供他們對這一主題的看法，尤其是針對不同的見解，而不是首席詮釋者的見解（碰撞）。其他人可能會為這些不同的觀點提供各種可能的詮釋。
四、主題總結	每個參與者（詮釋者和內部團隊）在便利貼上寫下從反思中捕捉到的兩個重要見解，並將它們放到彙集主題所有評論的面板上。

表中的主題總結部分可以反映不同的主題。每個參與者都寫下總結自己在會議上學到的兩個主要見解。

和在實驗室裡發生的情況相比，在實驗室之外發生的情況也一樣很重要。通常情況下，在會議結束後的第二天，內部團隊會再次召開緊張的彙報會議，按照他們的方向重新組織會上所有的見解。在這方面，所有參與者記錄主要觀點的便利貼是非常有用的。因為它們是按照主題來分類的，所以現在，它們可以很容易地按照意義工廠所創造的意義方向重新分類。

然後，團隊準備對每個方向進行反思，並重新確定詮釋：這個方向是否仍有意義？我們應該重新定義嗎？或者我們應該拋棄它？在與詮釋者的討論中，是否出現了我們所忽略的新方向？（如果在詮釋者實驗室形成的見解不是來源於初始方向，通常就會發生這種情況。）這些反思的結果是新的意義方案，以及我們可以導入下一個步驟（發資訊邀請使用者參與）的解決方案。

請人們參與

現在我們做好了和人們（即我們要應對的顧客）直接打交道的準備。人們會真的喜愛我們的願景嗎？我們如何使之更有意義？

我們在最後階段才讓人們參與進來，並不是因為他們不重要，而是因為他們是我們思考的核心，是我們禮物的接受者。簡而言之，如我們在第四章詳細分析的那樣，我們想要確認這一禮物對他們是有意義的。而要有意義，首先我們自己就要喜愛它，否則他們就能感受到我們對它缺乏愛。人們只會喜愛我們懷揣愛心提議的禮物。現在我們有了自己喜愛的提議。在前面的過程中，我們已經使該提議越來越強健。我們做好了接受顧客批評的準備。達成此目的有若干方式。

事實上，我們在此可以利用大量的文獻和方法工具。

◎理解使用者

其中一個方式是採用經典方法來分析顧客需求，這些經典方法包括量化工具（如調查）、質化工具（焦點小組、人群分析）。這些方法的概述已經在表 6-4 列示了。如果我們與詮釋者共同思考其結果的話，這些方法會更有效，它們可以指出我們忽視的那些東西。例如，飛利浦設計團隊拜訪紐約長老會醫學中心採用的方法和他們與戈芬克爾博士一起採用的使用者人群觀察法。

◎探測和beta測試

一個更有效的方法是與顧客一起測試我們的假設。這意味著將意義和有待驗證的解決方案結合到一起，創建樣品模型，並讓顧客進行嘗試。我們把這項活動叫作「探測」。探測儀是人們可以用來提供回饋的快速研製的樣品模型。例如，飛利浦團隊研製了醫療保健環境體驗系統的探測儀。該探測儀包含各種不同的解決方案，一些方案建立在真實的技術上，而另一些只是簡單地模擬（還未具備相關技術）。飛利浦設計團隊發現，與文字描述和幻燈片相比，探測儀能更有效地闡明突破性新意義的潛力。尤其是在這一案例中，飛利浦設計團隊以前從未參與過醫院環境設計，因此，管理層和顧客以抽象的術語抓住新建議方案的價值就會有些困難了。而探測儀則是「體驗演示儀」，可使我們看見產品意義的巨變，因為探測儀把**見解**和**具體有形**的產出結合到一起了。因此，一方面，他們注重團隊工作的真實成果；另一方面，探測儀也促進了新願景與管理高層、潛在顧客和其他合作夥伴的溝通。事實上，2003 年在芝加哥舉辦的世界放射學大會上，醫療保健環繞體驗探測儀展出之後，顧客才發現它的潛力，這也使得該專案得到了飛利浦醫療保健事業部的進一步支持。

◎最小化可行產品

更深入有效的方法是直接採取行動，為選定的使用者提供簡化版的產品，即最小化可行產品（MVP）。這可以促使我們開始與使用者進行互動，了解情況，然後再互動。我們有兩種不同的 MVP。[8]

- 有效 MVP。它的性能比我們最終期望的解決方案還要差一些，通常是因為還缺少一些功能特徵。如果人們發現，MVP 雖有局限性，但有意義，那麼我們依然可以更有信心地繼續推進。反之，如果顧客對概念困惑不解，那麼我們就需要考慮一下這樣的負面回饋是因為方向錯了，或是因為解決方案錯了，還是因為 MVP 過於簡化了。
- 無效 MVP。它的性能比我們最終期望的解決方案還要好一些。例如，在最終方案是基於自動化技術（如軟體和機器等）但 MVP 是由員工達成（為了減少前期投資）時，會出現這種情況。相對機器而言，員工更具責任心，且能提供更好的定制型解決方案。如果顧客不喜歡這一體驗，即使是在優於最終期望產品的情況下，我們也要嚴肅地考慮是否終止；反之，如果顧客喜歡並認可該體驗，我們可以思考他們的喜愛是由於方向的正確，還是因為 MVP 的超常性能。

這一過程的一個極大優點是，它完美地符合了精益產品開發的原則。我們這一階段的願景越強健，我們理解快速測試、探測儀和 MVP 結果的意義的能力就越強。[9] 一旦我們有了一個清晰的新框架，我們就有了實驗的方向，我們也就更具備理解顧客回饋的能力——因為我們有可以與之進行比較的假設。事實上，我們越想在開發過程中簡捷而快速，就越需要從強大的願景出發。

◎行動

顯而易見，在意義創新過程的最後階段，我最喜愛的方法是直接採取行動。

現在是我們付諸行動的時候了。我的意思是你和我。在本書中，我們一起思考了這麼久。我們都希望獲取意義的價值和創造意義的方法。

我來不及為本書寫總結了，你也來不及進一步閱讀了。世界在急速地變化。無論在什麼情況下，我們都不想應對只能被動接受其意義的世界。我們想創建意義，創造更好的和能使人們的生活更有意義的東西。

我們想為人們，也為我們自己製作禮物。只有透過**製作**，我們才能傳遞禮物；只有透過**製作**，我們才能享受創造意義的極致喜悅。禮物是為了送給人們，而製作禮物的行動則是為了我們自己。

很抱歉，就要這麼匆忙地結束本書了。現在是行動的時候。我有種不適感，一種想改變世界的強烈欲望在驅策我。這是教育的世界，也是個人成長的世界：當今的人們和組織如何以更有意義的方式學習和展現他們的潛力，恐怕目前的教育已經明顯地迷失了方向。我對意義有著無法回避的執著追求，那麼，你呢？

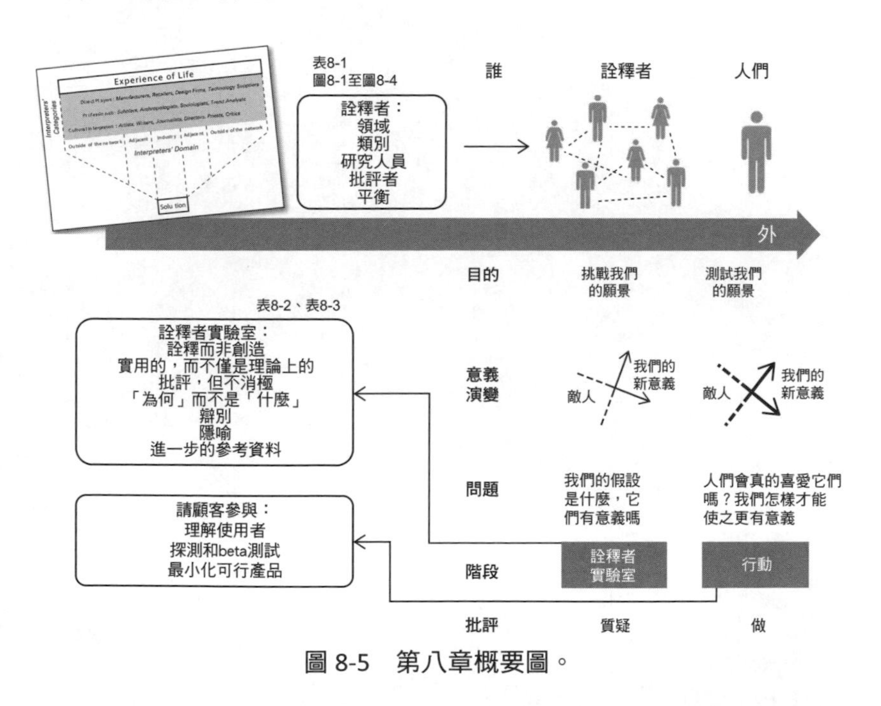

圖 8-5　第八章概要圖。

附錄

新意義無處不在：意義創新案例

意義創新是所有行業價值的主要驅動因素，本附錄提供了各種環境下的案例：消費市場或工業市場、產品或服務、營利或非營利組織、大型或中小型企業（概況如本書第 28 頁圖 1-2 所示）。其目的不是為了解決任何可能的環境情況（這是不可能的），而是在你的具體情況和在組織與行業的類型方面與你接近的情況下提供參考。它們說明了意義是如何將財富的創造從前領導者轉移到新參與者的。它們表明，面對行業中意義的不斷變化，你只有兩種選擇：要麼你推動這一轉變，並抓住它的價值，要麼你眼睜睜地看著其他參與者日益坐大，變得舉足輕重。錯過了意義的變化意味著邊緣化，註定要在性能驅動型競爭中博取微薄的利潤。

<table>
<tr><td colspan="2">達文西手術機器人（Da Vinci Surgical Robot）

B2B產品
2013年
達文西系統是一種手術機器人系統，不能替代醫生，但可以幫助他們做複雜的前列腺切除手術；甚至是遠端手術，或在老醫生的手顫抖不穩的時候協助做手術。它已成為前列腺切除手術的領先者。</td></tr>
<tr><td>原有意義
我使用機器人，是因為我想代替醫生和醫護人員。</td><td>新的意義
我使用機器人，是因為我想讓醫生能夠做複雜的外科手術。</td></tr>
</table>

Vibram Five Fingers

B2B產品

2005年

黃金大底公司是一家為鞋類生產商提供橡膠鞋底的供應商。五趾鞋非常輕薄，而且鞋底十分柔軟。它的靈感來自光腳跑步。它就像腳套：鞋子契合每個腳趾的形狀。這款鞋有明亮的色彩，給競爭嚴酷的戶外鞋類行業帶來了時尚和風格。

原有意義	**新的意義**
我穿戶外鞋，是因為我想讓我的腳在地上有個墊子。	我穿戶外鞋，是因為我想讓我的腳盡可能地貼近地面。

意法半導體微電子機械系統加速計（STMicroelectronics MEMS accelerometers）

B2B產品

2006年

微電子機械系統加速計是對運動和位置敏感的小型電子部件。2006年，意法半導體將它們提供給任天堂，從而任天堂成功研發了Wii家用遊樂器。這是青少年使用的第一台體感遊樂器（例如，透過揮動手臂來打網球）。這一意義上的改變使任天堂在遊樂器領域領先了五年，擊敗了索尼和微軟等行業巨頭。

原有意義	**新的意義**
我使用遊樂器，是因為我想進入虛擬世界。	我使用遊樂器，是因為我想真實、運動並與人互動。

達梭3D體驗（Dassault 3D Experience） B2B產品 2007年 達梭系統是設計和開發軟體產品的領先供應商。它最近的新應用平台（3D體驗）讓使用者（主要是設計師和工程師，通常都是下游領域的）向上游移動，進入新概念的創造領域（例如設計他們自己的產品）。因此，它將3D應用程式從開發工具轉變為商業模式創新的推動者。	
原有意義 我使用3D應用程式，是因為我想有效地開發新產品。	**新的意義** 我使用3D應用程式，是因為我想創建新的商業模式。

Brembo Brakes B2B產品 1980年 Brembo是頂級跑車制動裝置的主要供應商。它的鋁制煞車（通常是紅色的）能透過汽車的輪子看到。	
原有意義 我使用煞車，是因為我想安全駕駛。	**新的意義** 我使用煞車，是因為我想展示我快速駕駛的技術。

Quickbooks 財務軟體 B2B服務 2005年 Quickbooks財務軟體是一款針對中小型企業的會計應用程式。由於簡單，可以讓那些沒有會計專業知識的人和不喜歡處理財務的人使用。財捷財務軟體的會計應用程式占美國市場份額的80%以上。	
原有意義 我使用會計應用程式，是因為我想準確記帳。	**新的意義** 我使用會計應用程式，是因為我想盡可能順利且不痛苦地記帳。

飛利浦醫療保健環境體驗（Philips Ambient Experience for Healthcare） B2B服務 2004年 飛利浦醫療保健環繞體驗是供醫院成像科室（電腦斷層掃描、核磁共振成像等）使用的一種系統。它利用環境技術，如LED光源、影片動畫投影和無線射頻識別感測器，幫助患者（尤其是兒童）在檢查時更加放鬆。當病人更放鬆時，他們移動得更少，圖像也就不會那麼模糊。透過這個系統進行檢測的孩子中有50%的人，甚至不需要注射鎮靜劑。	
原有意義 我使用成像系統，是因為我想透過設備的力量獲取精確的圖像。	**新的意義** 我使用成像系統，是因為我想透過讓患者和員工放鬆來獲取精確的圖像。

自然藥房（Apoteca Natura） 服務 2016年 自然藥房是個關注自然健康的藥店概念。沒有採用看起來像超市（同時藥房工作人員像庫存管理者）的傳統藥房形式，自然藥房最大程度地降低了產品在體驗中的重要性，促進了專業藥劑師和顧客之間的個人接觸。	
原有意義 我去藥店，是因為我想買藥。	**新的意義** 我去藥店，是因為我想找位專家為我提供更理性的保健建議。

勤業風險服務（Deloitte Risk Services）

B2B產品
2006年
2011年，德勤（澳大利亞）推出了一項新的風險服務業務，其口號是「了解風險的價值」，除了遵守法規的傳統服務，也為其顧客組織的高層（如首席執行長和董事會），提供諮詢服務。德勤的願景：在一個不確定性的世界裡，那些能夠更好地管理風險的人可能會獲取其他人無法獲取的重要機遇。在三年的時間裡，風險服務的收入增長了30%，而且由於提供了更高的價值，在大多數競爭對手都在裁員的市場中，德勤的利潤率上升了80%。

原有意義	**新的意義**
我使用風險服務，是因為我想減少擔心（風險是負面的）。	我使用風險服務，是因為我想創造價值（風險是正面的）。

格萊瑨銀行（The Grameen Bank）

B2B服務
1983年
格萊瑨銀行是一家成立於孟加拉的小額信貸組織。它在不需要抵押品的情況下發放小額貸款。在2006年，這家銀行及其創建者穆罕默德·尤努斯（Muhammad Yunus）共同獲得了「諾貝爾和平獎」。

原有意義	**新的意義**
我從銀行貸款，是因為我想比現在（擁有的擔保品）賺更多的錢。	我從銀行貸款，是因為我想在社區的支持下擺脫貧窮。

Kiva非營利性民間小額貸款機構（Kiva Microfunds）

B2B服務
2005年
Kiva位於洛杉磯，是一家民間小額信貸機構，也就是特定的債務人和債權人之間的直接聯繫，模糊了捐款和貸款的界限。

原有意義	**新的意義**
我借給別人錢，是因為我想讓世界變得更美好。	我借錢給別人，是因為我想幫助讓我相信其項目的人。

雀巢Nespresso（Nestlé Nespresso）

B2C服務
1986年
Nespresso是一個頗受歡迎的咖啡機，其建立在咖啡機和不同口味的膠囊的基礎上。

原有意義	**新的意義**
我喝咖啡，是因為它是一種放鬆休息、享受烹製和與人分享的方式。	我喝咖啡，是因為它是一種透過我喜好的口味來輕鬆展示身分的方式。

Diesel牛仔褲

B2C產品
1978年
Diesel牛仔褲透過不同的布料加工工藝、款式風格和配飾展示多款牛仔褲。在一個美國品牌長期主導的行業中，牛仔褲是個從眾的標誌，而迪賽則關注個體的特色，預見了文化和社會的巨大變化。

原有意義	**新的意義**
我穿牛仔褲，是因為我想方便舒適並與人一致。	我穿牛仔褲，是因為我想與眾不同、引領時尚。

Snapchat照片程式

B2C應用程式
2011年
Snapchat是一個影片資訊應用軟體，基於「暫存照片」：閱後即刪。其公司網站描述了其使命：「Snapchat的目的不是為了捕捉傳統的『柯達瞬間』，而是為了全方位交流人類情感——並不只是為了展示完美或漂亮。」

原有意義 我拍照，是因為我想捕捉瞬間。	**新的意義** 我拍照，是因為我想更好地交談。

繆勒優酪乳（Müller Yogurt）

B2C產品
1971年
在充滿競爭的行業（如乳製品行業，特別是優酪乳）中，繆勒引進了一個新的願景，不僅尋找新的口味，而且還把優酪乳轉變成甜點和乳酪。

原有意義 我喝優酪乳，是因為我想健康。	**新的意義** 我喝優酪乳，是因為我想享受口感。

揚基蠟燭（Yankee Candle）

B2C產品
1975年
揚基蠟燭生產香氛蠟燭，通常灌注於厚大的罐子裡。雖然對長期穩定保守的蠟燭行業是個新手，但揚基蠟燭是發展最迅速的企業，在頂級蠟燭市場占據40%的營業額。

原有意義 我使用蠟燭，是因為我想照明（在停電的情況下）。	**新的意義** 我使用蠟燭，是因為我想創造歡迎的氛圍。

愛快羅密歐4C跑車（Alfa Romeo 4C）

B2C產品
2013年
4C是一輛非富豪買得起的跑車，其駕駛體驗會比開豪華跑車（如有更大功率發動機的法拉利）更加刺激。其祕密是碳化纖維的車體、流暢簡潔的車架，汽車的重量低於9000克。在2013年9月發布後，前兩年的產量一下子就被訂購一空。

原有意義	新的意義
我開跑車，是因為我想展示財富與力量。性能源於功率（發動機和金錢）。	我開跑車，是因為我對激情駕駛的熱情。功率不大（不看重大功率發動機）但很靈活，比開豪華跑車更刺激。

Vox生活型臥室（Vox Living Bedroom）

B2C產品
2012年
Vox是重新創造家庭中臥室角色的波蘭傢俱廠家，尤其是對於人口高齡化的歐洲市場。它的願景是把臥室變成房子的中心。在臥室，老人可以會見親戚和朋友，和他們進行社交活動，愉快地度過時光，就像通常在客廳所做的那樣，也像青少年在自己的臥室所做的那樣。例如，其中的一件產品，是一張裝設大書櫃（通常是放在客廳的東西）的床，設計了給客人放鞋子的空間，甚至設有可以一起看電影的可展開的螢幕。

原有意義	新的意義
我不得不待在我的臥室，是因為我必須睡覺和康復。臥室是個僻靜的私人空間。	我想待在臥室，是因為我能會見朋友，進行社交活動，臥室是個生活的空間。

Nest Labs恆溫器（Nest Thermostat） B2C產品 2011年 Nest Labs恆溫器充滿簡潔的智能。它不需要進行程式控制，因為它能自動掌握使用者喜歡的溫度。只需要一個簡單的人工調節裝置就可以開啟恆溫器（透過直觀的旋轉介面開關），三天後，它的軟體系統就能掌握家庭成員的溫度習慣。恆溫器也裝配感測器，可以感知到家裡是否有人，如果無人在家，就會自動停止供熱。在2014年，谷歌以32億美元的價格收購了Nest Labs公司。	
原有意義 我使用智慧家居，是因為我想控制溫度。	**新的意義** 我使用智慧家居，是因為我想在無須控制溫度的情況下，也能感到舒適。

Mojang公司《我的世界》沙箱影片遊戲（Mojang Minecraft Videogame） B2C軟體 2009年 《我的世界》是一款沙箱影片遊戲。在遊戲中，遊戲者建立自己的虛擬世界。透過積木的簡單組合，他們可以建立從住房到工具，再到人物和動物的一切東西。這一影片遊戲是由一家瑞典的初創企業創建的，在一年的時間裡，相比諸如《使命召喚》之類的經典影片遊戲，其得到了更廣泛的傳播。	
原有意義 我玩影片遊戲，是因為我想展示我的能力（例如，開車或消滅敵人）。	**新的意義** 我玩影片遊戲，是因為我想展現我的想像力。

蓋茨下一代保險套基金會（Gates Foundation Next Generation Condom）

非營利性產品

2013年

為了預防透過性行為傳播疾病，在2013年，比爾及梅琳達．蓋茨基金會發起了徹底改造保險套的創意挑戰。產品具有全新的意義——保險套可讓性行為更愉悅，從而使情侶更願意使用。

原有意義	新的意義
我使用保險套，是因為我想感到安全、受到保護。	我使用保險套，是因為我想感到更愉悅。

Waze導航（Waze Navigator）

B2C應用程式

2006年

Waze是基於全球定位系統的地理導航儀，可根據使用者提交的行使時間和當前路況提供逐嚮導引資訊。2013年，谷歌以11億美元收購了位智。

原有意義	**新的意義**
我使用導航儀，是因為我想去未知的目的地。	我使用導航，是因為我想透過捷徑到達已知的目的地。

Airbnb

B2C應用程式

2008年

Airbnb是一款讓使用者能夠列出、發現並租用住宿房間的個人對個人（P2P）應用程式。它已獲得了7.95億美元的投資，並大約有150萬個房源。

原有意義	**新的意義**
我使用旅行服務，是因為我想找到安全、高品質的旅館房間。	我使用旅行服務，是因為我想投入某地的真實社會文化生活中。

<table>
<tr><td colspan="2">（共用衣櫥）服裝租賃網站（Rent the Runway）

B2C應用程式
2009年
共用衣櫥出租頂級女性服裝。它的概念基於體驗經濟的背景，也就是穿衣服比擁有衣服更重要。它目前有400萬社群成員。</td></tr>
<tr><td>原有意義
我購買衣服，是因為我想擁有它們。</td><td>新的意義
我租用衣服，是因為我想總是與眾不同，並承擔得起我永遠不會購買的衣服的租費。</td></tr>
</table>

<table>
<tr><td colspan="2">Spotify Mood Music

B2C應用程式
2012年
由於流媒體音樂服務使人們能夠訪問整個音樂庫，面對數百萬首歌曲，人們發現自己難以選擇。選哪一首歌曲？如何找到自己喜歡的新音樂？Spotify已經有了突破性的方法來解決這一願望：根據心情而不是音樂風格類型來組織音樂。心情是指聽音樂的環境（例如，聚會、晚餐、早上上班途中）而不是音樂製作的風格（例如，搖滾、流行音樂……）</td></tr>
<tr><td>原有意義
我聽流媒體音樂，是因為我想更輕鬆地獲取音樂。</td><td>新的意義
我聽流媒體音樂，是因為我想透過我此刻所處環境發現新的音樂。</td></tr>
</table>

Uber

B2C應用程式

2009年

Uber提供點對點（P2P）交通運輸服務。乘客向Uber司機提交乘車請求，然後，司機用自己的汽車提供服務。乘客可以為司機（或者乘客）打分數。它經常被譽為行業中顛覆性新手的典型例子。

原有意義	新的意義
我選擇計程車，是因為我信任計程車公司。	我選擇計程車，是因為我信任司機。

Zipcar共用汽車（Zipcar）

B2C應用程式

2000年

Zipcar是一家汽車共用公司。會員根據租用的時間支付汽車的費用。安維斯以5億美元的價格收購了Zipcar。

原有意義	新的意義
我買車，是因為個人擁有汽車很重要。	我共用汽車，是因為我想方便出行，而沒有擁有汽車的煩惱。

IKEA Seasonal Furniture

B2C服務

2010年

IKEA引領了傢俱界新的時尚。在過去，傢俱是耐用品，一般要過好幾年才購買，而IKEA以其低廉的價格和季節性產品設計（特別是在紡織品及傢俱領域，集中體現在其熱門產品目錄上）正在將傢俱改變為非耐用產品，其購買需求受到時效性影響。

原有意義	新的意義
我購買傢俱，是因為這是對家的投資。	我購買傢俱，是因為我喜歡它現在對我生活的意義。

<table>
<tr><td colspan="2">Eataly Grocery Store

B2C服務
2004年
Eataly是銷售義大利高檔食品的雜貨店，這些食品通常不會出現在普通超市，因此，消費者一般也不知道其存在。人們可以在雜貨店的餐廳試吃其中的一些食品。這樣，Eataly能夠讓顧客完全沉浸在義大利美食的體驗中。</td></tr>
<tr><td>原有意義
我去雜貨店，是因為我想買我知道的食物。</td><td>新的意義
我去雜貨店，是因為我想發現並品嘗美食。</td></tr>
</table>

<table>
<tr><td colspan="2">GetDreams

B2C應用程式
2014年
GetDreams是一家創立於瑞典的公司，正在改變我們的金融服務觀念。通常人們在銀行存錢以備日後使用。GetDreams的創意是確定一個特定的夢想，例如，一些我們想買的東西或我們想要的體驗。然後，應用程式作為一個指導教練，幫助我們慢慢地存錢來實現夢想（例如，每當一個人為了自己的夢想節省金錢，而放棄一次具體的消費時，應用程式就會自動將錢保存在夢想儲蓄帳戶裡）。</td></tr>
<tr><td>原有意義
我今天放棄購買一些東西，是因為我想為未來節省金錢。</td><td>新的意義
我今天放棄購買一些東西，是因為我有一個未來想要擁有的具體體驗。</td></tr>
</table>

***S.*（小說）**

B2C媒體

2013年

*S.*是一部由道格．多斯特（Doug Dorst）撰寫、J. J. 亞伯拉罕（J. J. Abrams）構思的小說。這確實是一個故事裡面的故事。因為它由兩部分組成：其一是一位虛構作家撰寫的小說《特修斯之船》（*Ship of Theseus*）；其二是在這本書頁邊的空白處手寫的筆記記錄了兩個大學生之間的對話，他們希望揭開作者的神祕身分和小說的祕密。這本書還包括夾在書頁中間的分散的補充材料。

原有意義	**新的意義**
我讀一本書，是因為書中有個故事。	我讀一本書，是因為書本身就是個故事。

辛普森家庭（*The Simpsons* Cartoon）

B2C媒體

1989年

《辛普森家庭》是一部頗受歡迎的動畫情景喜劇。它的作者第一次將卡通語言（通常針對的是年輕觀眾）和反映美國工薪階層的生活方式的諷刺情景喜劇結合起來。

原有意義	**新的意義**
我不看卡通，是因為它們是給孩子看的。	我看卡通，是因為它十分有趣，並對成人的生活方式進行了尖銳的諷刺。

維基百科（Wikipedia）

非營利組織
2001年
維基百科是合作性的線上百科全書，是網路上訪問量最大的十大網站之一。

原有意義	**新的意義**
我使用百科全書，是因為我想獲取經文化菁英證實的靜態資訊，他們不容易接觸到，我希望自己能夠屬於這一群體。	我使用百科全書，是因為我想獲取由像我這樣的人驗證並容易獲取的動態資訊。

註釋

第一章

1. 東尼・法戴爾和麥特・羅傑斯的對話部分是由不同的訪談整合而成的，主要來源於 2014 年 11 月獲取的麥特・羅傑斯在知名創業社區 Startup Grind Silicon Valley 中的陳述；另外，還有我們在後面引用的其他訪談。
2. Roberto Verganti, *Design-Driven Innovation: Changing the Rules of Competition by Radically Innovating What Things Mean* (Boston: Harvard Business Press, 2009).
3. Jessica Salter, "Tony Fadell, Father of the iPod, iPhone and Nest, on Why He Is Worth $3.2bn to Google," *Telegraph*, 14 November 2014, accessed 25 August 2015.
4. Austin Carr, "The $3.2 Billion Man: Can Google's Newest Star Outsmart Apple?" *Fast Company*, 9 September 2014, accessed 25 August 2015.
5. Simon Sinek, *Start with Why: How Great Leaders Inspire Everyone to Take Action* (New York: Portfolio, 2009).
6. Adam Lashinsky, "Is Tony Fadell the next Steve Jobs or … the next Larry Page?" *Fortune*, 12 June 2014, accessed 25 August 2015.
7. Carr, "The $3.2 Billion Man."
8. Eco-Structure, "The Sustainable Suite Design Competition Announces Winners," *EcoBuilding Pulse*, 2 November 2009, accessed 14 November 2014.
9. Katie Fehrenbacher, "Honeywell Killed Off Its Learning Thermostat 20 Years Ago," *GigaOm*, 2 February 2012, accessed 18 November 2014.
10. Steve Wozniak, interview with the author, Milan, 28 October 2014.

11. Lashinsky, "Is Tony Fadell the next Steve Jobs or··· the next Larry Page?"
12. Carr, "The $3.2 Billion Man."
13. "Tony Fadell: On Setting Constraints, Ignoring Experts & Embracing SelfDoubt," accessed 26 August 2015.
14. Carr, "The $3.2 Billion Man."
15. 關於創新組合和戰略的概念，參見〈You Need an Innovation Strategy〉。皮薩諾認為，意義創新尤其需要「新的商業模式」（無論是利用現有競爭力還是創建新的競爭力）。
16. Sinek, *Start with Why.*
17. W. Chan Kim and Renée Mauborgne, *Blue Ocean Strategy* (Boston: Harvard Business School Press, 2005).
18. Clayton M. Christensen, *The Innovator's Dilemma: When New Technologies Cause Great Firms to Fail* (Boston: Harvard Business School Press, 1997).
19. Clayton M. Christensen and Michael E. Raynor, *The Innovator's Solution: Using Good Theory to Solve the Dilemmas of Growth* (Watertown, MA: Harvard Business School Press, 2003); Anthony Ulwick, *What Customers Want: Using Outcome-Driven Innovation to Create Breakthrough Products and Services* (New York: Mc Graw-Hill, 2005); Clayton M. Christensen, Scott D. Anthony, Gerald Berstell, and Denise Nitterhouse, "Finding the Right Job for Your Product," *MIT Sloan Management Review* (April 2007): 2-11; Anthony Ulwick and Lance A. Bettencourt, "Giving Customers a Fair Hearing," *Sloan Management Review* 49, no. 3 (2008): 62-68.
20. Alexander Osterwalder, Yves Pigneur, Greg Bernarda, Alan Smith, and Trish Papadakos, *Value Proposition Design: How to Create Products and Services Customers Want* (Hoboken, NJ: John Wiley, 2015).

21. 實際上，要完成的工作的框架介於解決方案的創新（事物的方式）和意義的創新（事物的原因）之間。正如西奈克解釋的那樣，其著重於「經驗」（事物的內容）的中間水準，這與為什麼人們墜入愛河的原因不同。
22. Ash Maurya, *Running Lean: Iterate from Plan A to a Plan That Works* (Sebastopol, CA: O'Reilly Media, 2012).

第二章

1. Micheline Maynard, "Millennials in 2014: Take My Car, Not My Phone," *Forbes*, 24 January 2014, accessed 3 October 2014.
2. 在此書中，我將經常使用「尋找意義」一詞，但是也許安德魯・索羅門的用詞更為恰當，他稱之為「打造意義」：「我已經聽到必須去尋找意義的普及看法。很長一段時間，我想著意義就在那，一些偉大的事實正在等著被發現。然而，時間過去，我開始感覺那些事實是無關緊要的。我們說在找尋意義，但也許我們將其稱為打造意義會更貼切一些……打造意義、建立認同，打造意義並建立其認同。這開始變成我的口頭禪，打造意義是改變自我，建立認同則是改變世界所有被汙無名化的身分每天都在面對這個問題：要多壓抑自我，以便可以滿足社會？要突破多少極限才可以構成一個有效的生命？『打造意義、建立認同』沒有對錯之分，它只把錯變得珍貴。」（Andrew Solomon，〈如何最糟糕生活中的時刻讓我們成為我們〉TED 演講，2014 年 3 月）
http://www.ted.com/talks/andrew_solomon_how_the_worst_moments_in_our_lives_make_us_who_we_are/transcript?language=en#t-41912
3. 自 2000 年至 2010 年，義大利短短十年間的交易合約已經下降 10%。Riccardo Benotti, "Cresime in Italia. Numeri e orientamenti," Rogate Ergo, April 2013.

4. http://smallbusiness.chron.com/big-candle-industry-69541.html, accessed 8 October 2014.
5. Elaboration of the European Candle Association, on data from Eurostat, for consumption of candles in the European Union (EU28), July 2014, accessed 8 October 2014.
6. Serena Ng, "Yankee Candle Agrees to $1.75 Billion Deal," *Wall Street Journal*, 3 September 2013, accessed 9 October 2014.7.
7. See for example http://www.oxfordlearnersdictionaries.com/definition/english/ meaning_1 or http://www.macmillandictionary.com/dictionary/british/meaning (accessed 12 October 2014). For a deeper analysis of meaning and its connection with innovation and products, see Åsa Öberg,"Striving for Meaning: A Study of Innovation Processes," Ph D dissertation, School of Innovation, Design and Engineering, Mälardalen University, October 2015.
8. 「作為符號表示的意思的意義」的概念是所有學科研究的主題，特別是在符號學（有關符號與標誌意義的理論）和語言學（研究語言意義）領域。其研究可以追溯至 19 世紀末和 20 世紀早期的弗爾迪南・德・索緒爾（Ferdinand de Saussure）和查理斯・桑德斯・皮爾斯的基礎研究。這些理論在產品、服務、軟體、圖形和品牌等人工製品領域有很大的影響，為產品語言開闢了一個全新的研究領域。可參見 Steffen Dagmar 撰寫的論文《產品語言的理論：對設計物件的經典詮釋的觀點》，發表於 *Form Diskurs* 3, no. 2 (1997): 17-27; Giampaolo Proni, "Outlines for a Semiotic Analysis of Objects," *Versus* 91/92 (January-August 2002): 37-59; Toni-Marti Karjalainen, *Semantic Transformation in Design: Communicating Strategic Brand Identity through Product Design*, published doctoral thesis (Helsinki: University of Arts and Design Helsinki, 2004); or Josiena Gotzsch, "Product Talk," *Design Journal* 9, no. 2 (2006): 16-24.

9. Klaus Krippendorff, *The Semantic Turn: A New Foundation for Design* (Boca Raton, FL: CRC Press, 2006).
10. 從哲學的角度來看，這種社會演變的解釋與存在主義相同，特別是索倫 齊克果（Søren Kierkegaard）在他的著作當中預料：「意義無法被規定，每一個人都必須去找到他自己生命中的意義。」
11. 尋找意義被認為深刻反映我們的日常經驗，不僅僅在我們的理論當中出現，它是實用主義的主要論點，特別可以在查爾斯・桑德斯・皮爾斯（Charles Sanders Peirce）的論述中看到。
12. Abraham Maslow, *Motivation and Personality* (New York: Harper, 1954).
13. Abhijit V. Banerjee and Esther Duflo, *Poor Economics: A Radical Rethinking of the Way to Fight Global Poverty* (New York: Public Affairs, 2012).
14. Barry Schwartz, *The Paradox of Choice: Why More Is Less* (New York: Harper Perennial, 2005).
15. Ibid., 5.
16. Claudio Dell'Era and Roberto Verganti, "Strategies of Innovation and Imitation of Product Languages," *Journal of Product Innovation Management* 24 (2007): 580-599.
17. Joel Stein, "Millennials: The Me Me Me Generation," *Time*, 20 May 2013.
18. Anthony Giddens, *Modernity and Self-Identity: Self and Society in the Late Modern Age* (Palo Alto, CA: Stanford University Press, 1991).
19. Zygmunt Bauman, *Liquid Modernity* (Cambridge: Polity, 1999).
20. Anthony Elliot, *The Contemporary Bauman* (Abingdon, UK: Routledge, 2013), 37.
21. 願景的概念和價值主張（企業對客戶承諾的價值）相關，也與客戶的利益相關。它們涉及到價值的創造，如 IE 系統。我認為願景的重點在它是本質的解釋，是一種觀察方式，是一個在複雜環境中的方向。

22. 對於設計作為意義創建過程的擴展討論，可參見羅伯托·維甘提的《設計力創新：設計驅動式創新如何締造新的競爭法則》。也可參見 Klaus Krippendorff, "On the Essential Contexts of Artifacts or on the Proposition that'Design Is Making Sense (of Things)," *Design Issues* 5, no. 2 (Spring 1989): 9-38.

23. 「在這種情況下，創新創造了願景的『主導性設計』」，可參見吉姆·M. 厄特巴克（Jim M. Utterback）在其產業創新的動力模型研究中提出的技術結構的主導性設計的類比分析：*Mastering the Dynamics of Innovation* (Boston：Harvard Business School Press, 1994).

24. 事實證明，人們尋找的不僅僅是問題的解決方案。拉溫德拉·奇特里與合作者認為，「換成新品牌的 60% 以上的顧客對老品牌『滿意』。這些發現指出了一個在理論上和實際上都很有趣的問題：為什麼顧客對產品的滿意會轉化成這麼低的忠誠度？此外，我們該如何改進？一種可能性是，顧客正在尋找的不僅僅是滿意，也許他們要達到興奮的程度才能轉化成更高的忠誠度。」參見 Ravindra Chitturi, Rajagopal Raghunathan and Vijay Mahajan, "Delight by Design: The Role of Hedonic Versus Vtilitarian Benefits," *Journal of Marketing* 72, no.3(May 2008): 48-63.

25. 我在這裡指的是愛的隱喻，接下來會在此書中看見，這個隱喻在沒有確切定義之下幫助我們瞭解這個概念。在增強某種特質的時候縮小了其他的特質，正如愛的隱喻，是一個壯麗而且多元的感受，無法被定義。最重要的是，這是一個主觀的感覺，而它的意涵隨著我們的生活發展。對於「愛」的意義的簡述及觀點是出自《紐約時報》專欄〈摩登情愛〉。http://www.nytimes.com/video/modern-love/

第三章

1. http://www.innovationmanagement.se/imtool-articles/open-innovation-and -the-bp-oil-spill-what-went-wrong/, accessed 24 November 2014.
2. http://opensource.com/education/13/11/linux-kernel-community-growth, accessed 24 November 2014.
3. 有些時候並不需要大量的創意來解決問題。深水地平線網站確實溢出了來自大眾的 20,000 個創意，然而並不應該歸功於此（它花費了大量的投資和時間評估和測試），它的功勞來自於一個埃克森美孚石油公司、BP 公眾有限公司和其他數個石油及天然氣公司組成的專業財團。http://www.innovationmanagement.se/imtool-articles/open-innovation-and-the-bp-oil-spill-what-went-wrong/
4. Joel Stein, "Some French Guy Has My Car," *Time*, 29 January 2015, 28-33.
5. http://data.worldbank.org/, accessed 21 March 2015.
6. http://www.statista.com/statistics/200005/international-car-sales-by-region-since-1990/。西方國家和南美洲的汽車銷售維持在一定的量，儘管在中國市場已經出現飽和的跡象，但唯獨亞洲的銷售量是成長的。
7. Stein, "Some French Guy Has My Car."
8. Ibid.
9. W. Chan Kim and Reneé Mauborgne, *Blue Ocean Strategy* (Boston: Harvard Business School Press, 2005); W. Chan Kim and Reneé Mauborgne, "Blue Ocean Strategy," *Harvard Business Review* (October 2004): 1-9; Gary Hamel, *The Future of Management* (Boston: Harvard Business School Press, 2007).
10. Noriaki Kano, Nobuhiku Seraku, Fumio Takahashi, and Shinichi Tsuji, "Attractive Quality and Must-Be Quality," *Journal of the*

Japanese Society for Quality Control (in Japanese) 14, no. 2 (April 1984): 39-48.

11. Stefano Marzano, interview with the author, Eindhoven, November 2010.
12. 飛利浦醫療保健環繞體驗系統的案例將在本書後面做進一步討論。也可參見 Roberto Verganti, "Designing Breakthrough Products," *Harvard Business Review* 89, no. 10 (October 2011): 114-120.
13. 參見 Roberto Verganti, *Design-Driven Innovation: Changing the Rules of Competition by Radically Innovating What Things Mean* (Boston: Harvard Business Press, 2009) 的第四章。有關意義和技術之間關係的理論探討請參考 Donald A. Norman and Roberto Verganti, "Incremental and Radical Innovation: Design Research versus Technology and Meaning Change," *Design Issues* 30, no. 1 (Winter 2014): 78-96.
14. 如果要對有關數位技術驅動的技術的意義現身情況作進一步了解，參見 Tommaso Buganza, Claudio Dell'Era, Elena Pellizzoni, and Roberto Verganti, "Unveiling the Potentialities Provided by New Technologies: Technology Epiphanies in the Smartphone App Industry," paper presented at the EIASM Inter national Product Development Management Conference, Limerick, Ireland, 22 June 2014.
15. http://news.yahoo.com/waze-sale-signals-growth-israeli-high-tech-174533585. html, accessed 23 March 2015.
16. http://www.forbes.com/sites/petercohan/2013/06/09/google-to-spite-facebook -buy-waze-for-1-3-billion/, accessed 23 March 2015.

第二部分

1. Gary Pisano, "You Need an Innovation Strategy," *Harvard Business Review* (June 2015).

第四章

1. 提姆・布朗的這句話來源於德雷克・貝爾（Drake Baer）的訪談："IDEO's 3 Steps to a More Open, Innovative Mind," *Fast Company*, 12 June 2013。大衛・凱利的這句話來源於美國廣播公司（ABC）《夜間連線》的一期節目《深潛》。史帝夫・賈伯斯的這句話來源於蓋瑞・沃爾夫（Gary Wolf）的訪談，"Steve Jobs: The Next Insanely Great Thing", *Wired, February* 1996. 2014 年 10 月 28 日。在米蘭舉辦的世界商業論壇上，史帝夫・沃茲尼克作了演講。這句話是他在此期間接受我採訪時說的。
2. 在開放式創新領域，最有影響力的學者無疑是亨利・切斯布朗（Henry W. Chesbrough），著作有《開放式創新：利用技術創新的新迫切要求》（*Open Innovation: The New Imperative for Creating and Profiting from Technology*, Boston: Harvard Business School Press, 2003）。在群眾外包領域參見 Jerff Howe, *Crowdsourcing: Why the Power of the Crowd Is Driving the Future of Business* (New York: Crown Business, 2009)。事實上，由外而內的迷思可以追溯至更早的組織設計領域的社會技術原理。可參見 David P. Hanna, *Designing Organizations for High Performance* (Reading, MA: Addison-Wesley, 1988).
3. Karim R. Lakhani and Jill A. Panetta, "The Principles of Distributed Innovation,"*Innovations* 2, no. 3 (2007): 97-112.
4. Larry Huston and Navil Sakkab, "Connect and Develop: Inside Procter & Gam-ble's New Model for Innovation," *Harvard Business Review* 84, no. 3 (2006): 31-41.
5. 以使用者為中心的設計可參見 Karel Vredenburg, Scott Isensee, and Carol Righi, *User-Centered Design: An Integrated Approach* (Upper Saddle River, NJ: Prentice Hall, PTR, 2002); Robert W. Veryzer and Brigitte Borja de Mozota, "The Impact of User-Oriented Design on New Product Development: An

Examination of Fundamental Relationships," *Journal of Product Innovation Management* 22 (2005): 128-143.

6. Eric Von Hippel, *Democratized Innovation* (Cambridge, MA: MIT Press, 2005).
7. 關於文章和下面的爭論，可參見 Roberto Verganti, "User-Centered Innovation Is Not Sustainable," *Harvard Business Review* online magazine, 19 March 2010, https://hbr.org/2010/03/user-centered-innovation-is-no.
8. Alexandra Horowitz, *On Looking: Eleven Walks with Expert Eyes* (New York: Scribner, 2013), 8.
9. https://www.youtube.com/watch?v=eywi0h_Y5_U, accessed 14 July 2015.
10. Paul McNamara, "Five Years Ago They Said the iPhone Would Be a Flop … Now?" *NetworkWorld*, 27 June 2012, http://www.networkworld.com/article/ 2289240/smartphones/five-years-ago-they-said-the-iphone-would-be-a-flop -----now-.html, accessed 14 July 2015.
11. Horowitz, *On Looking*.
12. 並非只有布朗持有這種觀點，也可參見以下內容。Mark Stefik and Barbara Stefik, "The Prepared Mind Versus the Beginner's Mind," *Design Management Review* 16, no. 1 (Winter 2005): 10-16; Michael R. Bokeno, "Marcuse on Senge：Personal Mastery, the Child's Mind, and Individual Transformation," *Journal of Organizational Change Management* 22, no. 3 (2009): 307-320; John Kao, *Clearing the Mind for Creativity* (Upper Saddle River, NJ: New World City, 2011).
13. Clayton M. Christensen, *The Innovator's Dilemma: When New Technologies Cause Great Firms to Fail* (Boston: Harvard Business School Press, 1997).

14. Roberto Verganti, *Design-Driven Innovation: Changing the Rules of Competition by Radically Innovating What Things Mean* (Boston: Harvard Business School Press, 2009).
15. Donald A. Norman and Stephen W. Draper, *User Centered System Design: New Perspectives on Human-Computer Interaction* (Mahwah, NJ: Lawrence Erlbaum Associates, 1986).
16. Donald A. Norman, "Technology First, Needs Last: The Research-Product Gulf," *Interactions* 17, no. 2 (2010): 38-42; Donald A. Norman and Roberto Verganti, "Incremental and Radical Innovation: Design Research versus Technology and Meaning Change," *Design Issues* 30, no. 1 (Winter 2014): 78-96; Donald Norman and Roberto Verganti, "Hill Climbing and Darwinian Evolution: A Response to John Langrish," *Design Issues* 30, no. 3 (Summer 2014): 106-107.
17. Hans-Georg Gadamer, *Truth and Method*, 2nd ed. (1960; New York: Continuum, 1998).
18. Susann M. Laverty, "Hermeneutic Phenomenology and Phenomenology: A Comparison of Historical and Methodological Considerations," *International Journal of Qualitative Methods* 2, no. 3 (2003), article 3, https://www.ualberta.ca/~iiqm/backissues/2_3final/html/laverty.html, accessed 8 July 2015.
19. Annie Dillard, *Pilgrim at Thinker Creek* (New York: Harper Collins, 1974), 23.
20. Horowitz, *On Looking*, 4.
21. E. E. Cummings, "Since Feeling Is First," in *Selected Poems*, ed. Richard S. Ken-nedy (New York: W. W. Norton, 2007), 99.
22. 有兩種看到見解的方式。首先是從心理學的角度出發，特別是通過感知理論和認知理論的框架的角度來看，我們過去的經驗創建了影響我們感知和理解事物方式的框架，我們傾向於用我們可以並且想要的角度去看待事物，以及我們可以看到和我們想要理解的東西，在這個論述領域當中有豐富的文獻可以佐證。在前面章節所談到的，關於亞莉珊卓　霍洛維茨的經歷可以映證這個論點。然而，我對於由內而外的創新最深層的論點和動機來自於第二個角度，也就是哲學觀點。由哲學的角度觀看，包含了詮釋學，我們的理解力、我們的視野如果能得到適當的處理，那即是一個學習的強大資源。由內而外的創新使我們理解之所以存在於這個世界，賦予意義並提供意義的方式。我較贊成站在第二種觀點來看，因此我談及高達美（Hans-Georg Gadamer)，並且將下來將談論到保羅　利科（Paul Ricoeur）。

23. John Green, "The Gift of Gary Busey,"clip, https://www.youtube.com/ watch?v=j22qA39eHvw, uploaded on YouTube on 25 August 2009, accessed 7 July 2015.
24. Coldplay (Guy Rupert Berryman, William Champion, Christopher Anthony John Martin, and Jonathan Mark Buckland), "Fix You," 2005 by Universal Music Publishing Group, CD.
25. 在解決方案創新時，無論如何都應該質疑現有的價值參數是否確實良好。我們應該隨時對我們所做工作的道德保持疑惑，即使這種行為已經被市場接受並且需要。
26. Stefano Marzano, interview with the author, Eindhoven, November 2010.
27. 在法律上，對一個人最好的照顧標準是一個好父親的榜樣。
28. Gary Hamel, "Innovation Starts with the Heart, Not the Head," *Harvard Business Review* online magazine, 12 June 2015, https://hbr.org/2015/06/you-innovate-with -your-heart-not-your-head, accessed 8 July 2015.
29. Simon Sinek, *Start with Why: How Great Leaders Inspire Everyone to Take Action* (New York: Portfolio, 2009).

30. Maria Popova, "How to Get Rich: Paul Graham on Money vs. Wealth,"*BrainPickings,* http://www.brainpickings.org/index.php/2014/07/02/how-to-make -wealth-paul-graham-hackers-painters/, accessed 7 July 2015.
31. Birger Wernerfelt, "A Resource-Based View of the Firm," *Strategic Management Journal* 5 (1984): 171-180.
32. Laverty, "Hermeneutic Phenomenology and Phenomenology."
33. Horowitz, *On Looking*, 264.

第五章

1. Xbox的故事源於對微軟管理層的個人訪談和迪安·高橋（Dean Takahashi）撰寫的珍貴作品——*Opening the Xbox: Inside Microsoft's Plan to Unleash an Entertainment Revolution* (Roseville, CA: Prima Publishing, 2002).
2. Takahashi, *Opening the Xbox*, ix.
3. Ibid., 123.
4. Umberto Galimberti, *I miti del nostro tempo* [The myths of our time] (Milan: Feltrinelli, 2011).
5. 在接下來的章節裡我們會經常提到「判斷」這個詞。我們所說的判斷有兩種：事實判斷和價值判斷。「事實判斷確定事情的真假或對錯。價值判斷則確定事情的好壞、重要與否」，參考Abraham [Rami] B. Shani, Dawn Chandler, Jean-François Coget, and James B. Lau, *Behavior in Organization: An Experiential Approach*, 9th ed. [New York: McGraw-Hill/Irwin, 2009], 51）批評與價值判斷有關，因此，這裡的判斷指的是第二種觀點，判斷事物的好壞，這超出了判斷事物真假的問題範疇。這裡的目的不是為了確定什麼是真的（就像法庭上的法官，他並不是批評家），而是理解並設定方向。
6. Bertrand Russell, *The Autobiography of Bertrand Russell, 1944-*

1969 (New York: Simon and Schuster, 1969).

7. Takahashi, *Opening the Xbox*, 167.
8. 在這裡，研究的主體是很廣泛的。可參見 Kurt Lewin, "Frontiers in Group Dynamics: Concept, Method and Reality in Social Science, Social Equilibria and Social Change," *Human Relations* 1 (June 1947): 5-41; Amir Levy, *Organizational Transformation: Approaches, Strategies and Theories* (New York: Praeger, 1986); Rosabeth Moss Kanter, *The Challenge of Organizational Change* (New York: Free Press, 1992); Chris Argyris and Donald A. Schön, *Organizational Learning II: Theory, Method and Practice* (Reading, MA: Addison-Wesley, 1996); Edgar H. Schein, *Organizational Culture and Leadership*, 4th ed. (San Francisco: Jossey-Bass, 2010).
9. François Thiébault-Sisson, "Claude Monet, an Interview," *Le Temps*, 27 November 1900; as quoted by Michael P. Farrell, *Collaborative Circles: Friendship Dynamics and Collaborative Work* (Chicago: University of Chicago Press, 2001), 44. The case of the impressionists in this book is significantly based on Farrell's narrative, given his focus on the group dynamics and their creative production.
10. Ambroise Vollard, *Renoir, an Intimate Record* (New York: Alfred A. Knopf, 1925), 33-34; cited in Farrell, *Collaborative Circles*, 35.
11. Vollard, *Renoir, an Intimate Record*, cited in ibid.
12. 我誠摯感謝卡里姆 拉克哈尼（Karim R. Lakhani）推薦我閱讀法雷爾教授的作品，這本書給了豐富的靈感。
13. 關於創新中雙人成對的角色，可參見 Lawrence McGrath, "When Pairing Reduces Scaring: The Effect of Dyadic Ideation on Evaluation Apprehension," *International Journal of Innovation Management* 19, no. 4 (August 2015): 1-36.

14. 關於坦率或誠實的回饋的力量，可參見 Ed Catmull, "How Pixar Fosters Collective Creativity," *Harvard Business Review* 86, no. 9 (September 2008): 64-72.
15. Farrell, *Collaborative Circles*, 34-35.
16. Ibid., 51.
17. Ibid., 46.
18. Gary Tinterow and Henri Loyrette, eds., *Origins of Impressionism* (New York: Met-ropolitan Museum of Art, 1994); cited in Farrell, *Collaborative Circles*, 39.
19. John Gage, *Color and Culture: Practice and Meaning from Antiquity to Abstraction* (Berkeley: University of California Press, 1993), 209.
20. Takahashi, *Opening the Xbox*, vii.
21. Farrell, *Collaborative Circles*, 6.
22. 我們會探索第六章中的一些標準。關於個人如何深入思考的啟發性理論，請參見唐納德·舍恩（Donald Schön）的研究以及他關於反思的理論：Donald A. Schön, *The Reflective Practitioner: How Professionals Think in Action* (London: Temple Smith, 1983)，以及阿吉里斯（Argyris）提出的雙環學習的框架：Chris Argyris and Donald A. Schön, *Organizational Learning: A Theory of Action Perspective* (Reading, MA: Addison-Wesley, 1978).
23. Takahashi, *Opening the Xbox*, vii.
24. 許多創新理論都強調在不要求管理高層協助的情況下，給予人們資源去嘗試和發揮他們所信想法的重要性。這些資源可以採用給予員工自由時間的形式進行創新的貢獻（一個極端的例子是谷歌著名的政策，即為員工提供 20% 的自由工作時間進行創新），或者給予測試模型經費，或者會議空間，再或者促進與可以為想法提供發展的專家或參與者的往來。微軟不曾施行過這樣的政策，但他們對於那些願意將自己的加班時間用於探索新道路的人來說是寬容的。以它的電子遊戲品牌 Xbox 為例，當他們要開發新的願景的時候，即使沒有官方的支持，忠誠的員工常可以找到時間和資源去執行。

25. C. S. Lewis, *The Four Loves* (New York: Harcourt Brace, 1960); cited in Farrell, *Collaborative Circles*, 16.
26. Ibid.
27. Humphrey Carpenter, *Tolkien* (Boston: Houghton Mifflin, 1977); cited in Farrell, *Collaborative Circles*, 11.
28. Takahashi, *Opening the Xbox*, vii.
29. 加州州立理工大學的教授拉米　沙尼經過兩個小時對於此章節的指教後，指出了尊敬和尊重的重要性。他是對的，若我考慮到自己的人際關係，那些提供我親切鼓勵的人正是我所尊敬與尊重的對象。如拉米對我而言即是。
30. Jeffery M. Masson, ed., *The Complete Letters of Sigmund Freud to Wilhelm Fliess* (Cambridge: Belknap Press of Harvard University Press, 1985); cited in Farrell, *Collaborative Circles*, 14.
31. Farrell, *Collaborative Circles*, 8.
32. Humphrey Carpenter, *The Inklings: C. S. Lewis, J. R. R. Tolkien, Charles Williams, and Their Friends* (Boston: Houghton Mifflin, 1979); cited in Farrell, Collaborative Circles, 8.
33. 信任式溝通是最重要的信任形式之一。組織行為學專家派翠克・蘭西奧尼說過：「信任不是團隊成員預測其他人行為的能力……信任都是自願性的，信任他人的團隊成員能夠學會向其他人坦然地敞開心扉，甚至暴露自己的失敗、弱點和恐懼。」參見 Patrick Lencioni, *Overcoming the Five Dysfunctions of a Team: A Field Guide* (San Francisco: Jossey-Bass, 2005)。
34. 信任是心理學和組織行為學中研究最廣泛的課題之一。我的觀點從三個方面闡述了信任的理論。首先，我贊同大家所接受的信任的定義，即依賴一個會做出我們期望的行為、不會對我們造成傷害的人 (Erik H. Erikson, *Childhood and Society* [New York: Norton, 1950])。在激進圈子的案例中，這種期望可以透過共同的意向（對於現實的不適和尋求改變的願望）證實。其次，激進圈子內的信任並不來自對他人誠實（通常取決於他們之間建立關係的時間長短）的信任，而是來自對她的意向和能力的信任（這裡我把信任和先前對於尊重、尊敬的評論進行了聯繫）。最後，行為的可預測性不是信任的唯一組成部分。脆弱性，即激進圈子內的成員願意分享自己不成熟的想法，因此，披露可能有缺陷的意願也是創造信任的主要元素。這一觀點見蘭西奧尼的著作《團隊的五種機能障礙》（*Overcoming the Five Dysfuctios of a Team*）。在這方面，激進圈子就像群體療法的動態狀況，在這裡，對群體的開放是個人發展的主要組成部分（參見 William C. Schutz, *Elements of Encounter: A BodyMind Approach* [Big Sur, CA: Joy Press, 1973].）。

35. Vollard, *Renoir, an Intimate Record*, 64; cited in Farrell, *Collaborative Circles*, 33.
36. Anne Kane, "Lonergan's Philosophy as Grounding for Cross-Disciplinary Research," *Nursing Philosophy* 15 (2014): 125-137, 130. For the studies of Lonergan, see Bernard J. F. Lonergan, *Insight: A Study in Human Understanding*, 5th ed., rev. and aug., in *Collected Works of Bernard Lonergan*, vol. 3 (1957; Toronto: University of Toronto Press, 1992). About the importance of *wonder* see also the most recent works by Finn Thorbjørn Hansen at Aalborg University: Hansen, "The Call and Practices of Wonder: How to Evoke a Socratic Community of Wonder in Professional Settings," in Michael Noah Weiss, ed., *The Socratic Handbook* (Zurich: Lit Verlag, 2015).
37. Jean Renoir, *Renoir, My Father* (San Francisco: Mercury House, 1988); cited in Farrell, *Collaborative Circles, 30.*

38. Takahashi, *Opening the Xbox*, 63.
39. 我最近和納亞拉・奧圖納（Naiara Altuna）一起探究了不同領域的創新社群的動態狀況。早期的調查結果顯示，取得突破性進展的社群，其核心是激進圈子，即有一個由相互信任、才識淵博的人組成的初始小群體。他們都對既有的意義感到不適。例如，食品行業的慢食、電腦行業的 Homebrew、傢俱行業的 Memphis。早期的觀點參見 Naiara Altuna, Claudio Dell'Era, Paolo Landoni, and Roberto Verganti，"Moving beyond Creative Geniuses and Crowdsourcing: The Contribution of Radical Circles in the Development of New Visions," EIASM Innovation Product Development Management Conference, Copenhagen, 22-23 June 2015.
40. See the wellknown theory of Bruce Tuckman on the stages of group development: Bruce W. Tuckman, "Developmental Sequence in Small Groups," *Psychological Bulletin* 63 (1965): 384-399.
41. 值得注意的是，激進圈子是脫離正式組織管理的，因此，它也部分地脫離了既有規則。這種分離有益於培育與現狀不一致的願景，並可以防止在願景尚脆弱和私密的時候被澆熄。研究表明，從現有的組織和社會管理中脫離出來有助於突破性改變。然而，激進圈子有趣的地方就在於它是部分地脫離，不像臭鼬工廠（skunk works）（Everett M. Rogers, *Diffusion of Innovations* [New York: Free Press, 1962]）和內部創業（Robert A. Burgelman, "Managing the Internal Corporate Venturing Process,“ *Sloan Management Review* [Winter 1984]: 33-48; Robert A. Burgelman and Modesto A. Maidique, *Strategic Management of Technology and Innovation* [Homewood, IL: Irwin, 1988]）。創建激進圈子的人，實際上還是處於日常的組織生活中。然而，當他們一起工作的時候，他們的行動是與組織分離的（就像一個祕密的社團）。仍然投入組織的工作使他們能夠清楚地知道「箱子內」發生了什麼情況，而不是脫離組織這個箱子去進行冒險之旅。臭鼬工廠就是一個完全孤立的組織（它的創意通常會在最終披露的時候被既有的規則扼殺）。

42. 有關願景型領導者的更多洞見，請參見 Jean-François Coget, Abraham B. (Rami) Shani, and Luca Solari, "The Lone Genius, or Leaders Who Tyr annize Their Creative Teams: An Alternative to the 'Mothering' Model of Leadership and Creativity," *Organizational Dynamics* 43, no. 3 (2014): 105-113.
43. Takahashi, *Opening the Xbox.*
44. Nicholas Sparks, *Safe Haven* (New York: Grand Central Publishing, 2010), 106.
45. Farrell, *Collaborative Circles*, 35.

第三部分

1. 其他提出了基於相似原則（由內而外的創新和批評）的過程的著作，如 Paul Hekkert and Matthijs B. van Dijk, *Vision in Design: A Guidebook for Innovators* (Amsterdam: BIS publishers, 2011); Kees Dorst, *Creating Frames: A New Design Practice for Driving Innovation* (Cambridge, MA: MIT Press, 2015).

第六章

1. 最早關注「輸出（目的）而不是產品」這一概念的人是希歐多爾．萊維特，可參見其開創性的文章："Marketing Myopia,"*Harvard Business Review* 38, no. 4 (1960): 22-47。最近，「要做的工作」這一概念由克里斯汀生和伍維克提出。參見 Clayton M. Christensen and Michael E. Raynor, *The Innovator's Solution: Using Good Theory to Solve the Dilemmas of Growth* (Watertown, MA: Harvard Business School Press, 2003); Anthony Ulwick, *What Customers Want: Using Outcome-Driven*

Innovation to Create Breakthrough Products and Services (New York: Mc Graw-Hill, 2005); Clayton M. Christensen, Scott D. Anthony, Gerald Berstell, and Denise Nitterhouse, "Finding the Right Job for Your Product," *MIT Sloan Management Review* (April 2007): 2-11; Anthony Ulwick and Lance A. Bettencourt, "Giving Customers a Fair Hearing," *Sloan Management Review* 49, no. 3 (2008): 62-68.

2. 部分超市以相似的概念發展，但選擇以一半尺寸的推車來取代滾動購物籃。
3. 直至今日，還沒有人科學地證明了表 6.4 中所列出的其中一種工具相較其他工具有優越性。
4. Tom Kelley, *The Art of Innovation: Lessons in Creativity from IDEO, America's Leading Design Firm* (New York: Doubleday, 2001); Tim Brown, *Change by Design: How Design Thinking Transforms Organizations and Inspires Innovation* (New York: Harper-Business, 2009).
5. 關於戰略畫布和四行動框架，參見 W. Chan Kim and Renée Mauborgne, *Blue Ocean Strategy* (Boston: Harvard Business School Press, 2005). 關於「要做的工作」和顧客導向的創新圖，參見 Christensen and Raynor, *The Innovator's Solution, and Ulwick, What Customers Want*。關於價值主張畫布，參見 Alexander Osterwalder and Yves Pigneur, *Value Proposition Design* (San Francisco: Wiley, 2014)。關於狩野模型，參見 Noriaki Kano, Nobuhiku Seraku, Fumio Takahashi, and Shinichi Tsuji, "Attractive Quality and Must-Be Quality," *Journal of the Japanese Society for Quality Control* (in Japanese) 14, no. 2 (April 1984): 39-48。關於移情圖（empathy maps），參見 Kelley, *The Art of Innovation*。關於發現驅動型創新，參見 Rita Gunther Mc Grath and Ian C. Mac Millan, *Discovery-Driven Growth: A Breakthrough Process to Reduce Risk and Seize Opportunity* (Boston:

Harvard Business School Press, 2009)。關於顧客體驗和顧客旅程地圖（customer journey mapping），參見 Joseph B. Pine and James H. Gilmore, *The Experience Economy* (Boston: Harvard Business School Press, 1999)。關於框架內創新，參見 Kevin Coyne, Patricia Gorman Clifford, and Renée Dye, "Breakthrough Thinking from Inside the Box," *Harvard Business Review* (December 2007): 70-78.

6. Dennis Haseley (and Ed Young, illustrator), *Twenty Heartbeats* (New York: Roaring Brook Press, 2008).
7. http://www.wikigallery.org/wiki/painting_300429/Italian-Unknown-Master/ Madonna-of-Large-Eyes
8. https://en.wikipedia.org/wiki/Madonna_del_cardellino
9. https://en.wikipedia.org/wiki/Solly_Madonna
10. https://en.wikipedia.org/wiki/Madonna_del_Granduca
11. https://en.wikipedia.org/wiki/Small_Cowper_Madonna
12. https://en.wikipedia.org/wiki/Madonna_del_Prato_(Raphael)
13. 大量研究都涉及自我反省或反思的做法。也許最引人注目的是舍恩對反思行動的研究，參見 Donald A. Schön, *The Reflective Practitioner: How Professionals Think in Action* (London: Temple Smith, 1983).

第七章

1. http://www.bbc.com/news/uk-politics-10377842, accessed 12 August 2015.
2. 這種互動的螺旋形式是基於黑格爾的辯證法，特別是基於「揚棄」(Aufheben，是黑格爾辯證法中的重要概念，這個語詞的含意包括「不再存在、取消與升上更高層級」等意義）或「昇華」的概念，這意味著廢除並同時保留：批評保留了有用的部分，並且超越了它的限制，使其變得更豐富，更強大。

3. For the concept of "delighters" see Noriaki Kano,Nobuhiku Seraku, Fumio Taka hashi, and Shinichi Tsuji, "Attractive Quality and Must-Be Quality," *Journal of the Japanese Society for Quality Control* (in Japanese) 14, no. 2 (April 1984): 39-48.
4. Thomas J. Shuell, "Teaching and Learning as Problem Solving," *Theory into Practice* 29, no. 2 (Spring 1990): 102-108.
5. George Lakoff and Mark Johnson, *Metaphors We Live By* (Chicago: University of Chicago Press, 1980), 27.
6. Ibid., 3.
7. Ibid.
8. Aristotle, *The Poetics*, trans. Gerald F. Else (Ann Arbor: University of Michigan Press, 1967, 1970), 1459a, 5-8.
9. http://www.merriam-webster.com/dictionary/watch, accessed 13 August 2015.
10. Paul Ricoeur, The Rule of Metaphor (Toronto: University of Toronto Press, 1977), 97. 根據保羅．呂格爾的說法，該詞典不包含隱喻，或者更好的說法是，它包含了褪色的隱喻：以前是隱喻的東西，已經有其對於字詞的公認隱喻用法。
11. Aristotle, *Rhetoric*, trans. William Rhys Roberts, book III, chapter 10, 12 (New York: Dover, 2004), 135.
12. Friedrich Nietzsche, *The Birth of Tragedy and Other Writings*, ed. Raymond Geuss and Ronald Speirs, trans. Ronald Speirs (Cambridge: Cambridge University Press, 1999), 50.
13. Lakoff and Johnson, *Metaphors We Live By*, 145.
14. http://www.fcagroup.com/investorday/PresentationList/Alfa_Brand.pdf, accessed 13 August 2015.

第八章

1. Alexandra Horowitz, *On Looking: Eleven Walks with Expert Eyes* (New York: Scribner, 2013).
2. Ibid., 14.
3. Ibid., 87.
4. Ibid., 143.
5. "Nathan Myhrvold, Funding Eureka," *Harvard Business Review* (March 2010): 40-50.
6. Kenneth Gorfinkle, *Soothing Your Child's Pain* (Lincolnwood, IL: Contemporary Books, 2013).
7. Naiara Altuna, Åsa Öberg, and Roberto Verganti, "Interpreters: A Source of Innovations Driven by Meaning," IPDMC 21st International Product Development Management Conference, EIASM, Limerick, Ireland, 15-17June 2014.
8. N. Taylor Thompson, "Building a Minimum Viable Product? You're Probably Doing It Wrong," *HarvardBusinessReview.org*, 11 September 2013, https://hbr.org/ 2013/09/building-a-minimum-viable-prod, accessed 24 August 2015.
9. Alan MacCormack, Roberto Verganti, and Marco Iansiti, "Developing Products on 'Internet Time': The Anatomy of a Flexible Development Process," *Management Science* 47, no. 1(January 2001): 133-150.

國家圖書館出版品預行編目(CIP)資料

追尋意義：開啟創新的下一個階段 / 羅伯托・維甘提 Roberto Verganti作
; 吳振陽譯. -- 初版. -- 臺北市 : 行人文化實驗室, 2019.12
320 面；14.8x21公分
譯自：Overcrowded: Designing Meaningful Products in a World Awash with Ideas

ISBN 978-986-98592-0-2 (平裝)

1. 商品管理　2. 產品設計　3. 創意

496.1　　108021659

追尋意義：開啟創新的下一個階段

Overcrowded: Designing Meaningful Products in a World Awash with Ideas

作　　者：羅伯托・維甘提 Roberto Verganti
譯　　者：吳振陽
總 編 輯：周易正
責任編輯：歐品妤
特約文編：孫德齡
封面設計：陳威伸
內頁排版：葳豐企業
行銷企劃：郭怡琳、毛志翔
印　　刷：釉川印刷有限公司

定　　價：350元
I S B N：9789869859202
2019年12月 初版一刷

出版者：行人文化實驗室（行人股份有限公司）
發行人：廖美立
地　址：10074 台北市中正區南昌路一段49號2樓
電　話：+886-2- 37652655
傳　真：+886-2- 37652660
網　址：http://flaneur.tw

總經銷：大和書報圖書股份有限公司
電　話：+886-2-8990-2588

Overcrowded: Designing Meaningful Products in a World Awash with Ideas
BY Roberto Verganti